Manfred Gerner

Fachwerk in Frankfurt am Main

Herausgegeben
von der Frankfurter Sparkasse von 1822
(Polytechnische Gesellschaft)

Im Verlag von Waldemar Kramer
Frankfurt am Main

ISBN 3-7829-0217-3 Verlag Dr. Waldemar Kramer in Frankfurt am Main

Umschlagbild: Das Haus Wertheim in Frankfurt am Main nach einer Aufnahme des Verfassers 1979.

Druck von W. Kramer & Co. oHG. in Frankfurt am Main.

Inhaltsverzeichnis

BAKI

Fachwerk in Frankfurt am Main?

Bis zur Zerstörung der Altstadt mit mehr als 1200 Häusern, insbesondere des Fachwerkkerns zwischen Dom und Römer, gehörte Frankfurt zu den bedeutendsten Fachwerkstädten Deutschlands. Dies wurde nie ganz deutlich, da der größte Teil des Fachwerks der Frankfurter Altstadt unter Verputz lag und nicht sichtbar war.

In der Gründerzeit, den Jahren nach 1870, dehnte sich Frankfurt in wenigen Jahrzehnten um ein vielfaches über die Altstadtfläche aus. Im Nord-, Ost- und Westend sowie in Sachsenhausen entstanden zahlreiche Villen und Mietshäuser, bis zu 500 pro Jahr. Die wohlhabenden Bürger zogen aus den engen Altstadtbereichen in die Vorstädte. Die Altstadt selbst verödete und verslumte. Fried Lübbecke schrieb am 7. Juni 1922 in der Frankfurter Zeitung: „. . . viele Patrizierhäuser sind zu Magazinen erniedrigt – kurz: Lieblosigkeit und Übervölkerung bei Mangel an kulturell höherstehenden Familien, hohes bauliches Alter und geringe Mieterträge, nicht zuletzt Dirnen und ihr Anhang sorgen dafür, daß es in unserer Altstadt nicht so steht, wie es im Interesse dieses ganz einzigartigen Denkmals deutscher Kunst und Vergangenheit sein sollte . . ."

Zu dieser Zeit hatte jedoch bereits eine Neubesinnung begonnen, man hatte den Wert der Frankfurter Altstadt als großes geschlossenes Fachwerkensemble – gewachsen zwischen 1450 und 1700 – erkannt und in der Konsequenz daraus mit Freilegungen und Sanierungen begonnen. Insbesondere durch die Aktivitäten des Bundes tätiger Altstadtfreunde wurden in den zwei Jahrzehnten von 1920 bis 1940 von den 1200 Altstadthäusern 600 außen renoviert. Dazu erfolgten Fachwerkfreilegungen wie z. B. die des Hauses „Zum Dürren Baum" sowie der Häuser „Stadt Nürnberg" und „Kleine Münze" durch die Stadtverwaltung. Unter Oberbürgermeister Dr. Krebs und Magistratsbaurat Derlam begannen 1936 Entkernungen stark überbauter Höfe z. B. zwischen Kleiner und Großer Fischergasse (Kirschgarten) und im Handwerkerhöfchen zwischen Langer Schirn und Fünffingerplätzchen. Darüber hinaus wurden zahlreiche Klosterbauten und Kirchen in der Altstadt gründlich instandgesetzt. Noch vor Kriegsausbruch war der Erfolg der Maßnahmen deutlich spürbar, nicht nur, daß um 1940 kaum ein ungepflegtes Haus vorhanden war und die Altstadt wieder alten Glanz und Atmosphäre ausstrahlte – auch die sozialen Mißstände wurden mit zunehmender äußerer Instandsetzung geringer und „gute Leute" bevölkerten wieder die Altstadthäuser.

Die Bombenangriffe, besonders im März 1944 machten mit der völligen Vernichtung der Frankfurter Altstadt der Zielvorstellung, dieses große Fachwerkensemble zwischen Dom und Römer sichtbar werden zu lassen, ein Ende. Nur ein Sichtfachwerkgebäude, das Haus Wertheim am Fahrtor 1 überstand die Katastrophe.

Wenn sich der Autor trotz des Untergangs der in Qualität und Quantität herausragenden Fachwerke, wie den Häusern „Großer Engel", „Salzhaus", „Haus Silberberg", „Schwarzer Stern" und „Goldene Waage" mit dem Frankfurter Fachwerk eingehender beschäftigt, so liegen dazu mehrere Gründe vor. Zum einen konnte das Fachwerk der Frankfurter Altstadt als Hausgefüge von der konstruktiven Seite nie in seiner Gesamtheit untersucht werden. Walter Sage hat in dem Band „Das Bürgerhaus in Frankfurt am Main" die Wandgefüge anhand des ihm zugänglichen Materials eingehend untersucht. Durch jüngste Freilegungen und Entdeckungen, wie die des ältesten Fachwerkhauses Deutschlands in der Schellgasse 8 in Sachsenhausen, und neu erschlossenes Material, wie Maßaufnahmen der Studenten von Prof. Schad an der Vorgängereinrichtung der heutigen Fachhochschule Frankfurt, waren zahlreiche Aufschlüsse zum Frankfurter Fachwerk zu erzielen. Insbesondere das mittelalterliche Fachwerk des Hauses Schellgasse 8 brachte in überregionaler Bedeutung grundsätzliche Klarheit – auch zu vielen früheren Untersuchungen – über die Konstruktion mittelalterlicher Fachwerke. Von der Altstadt werden chronologisch die für die Fachwerkgefügeentwicklung wichtigsten Gebäude dargestellt und deren Stand innerhalb der deutschen Fachwerkgeschichte fixiert. Da diese Arbeit ausschließlich die Darstellung des Frankfurter Fachwerks zum Ziel hat, wird auf die Erläuterung z. B. der Schmuckformen in den Massiverdgeschossen der Fachwerkblütezeit um 1600 verzichtet. Ebenso können zahlreiche Ausbaudetails, wie eingehängte Decken (Bowellagen), Lichtöffnungen in den Dekken innenliegender Treppenhäuser, Klapptische und Regale der Messebesucher in den Hausfluren, Öffnungen in den Fußböden zur Überwachung der darunterliegenden Läden und die teilweise noch sehr dürftigen Sanitäreinrichtungen (Röhren oder Zuber) nicht beschrieben werden. Hierzu wird auf die Inventare sowie auf die Literatur von Lübbecke und Sage verwiesen.

Die Aufarbeitung des Materials konnte natürlicherweise nur den Erkenntnisstand durch Funde, Entdeckungen und Freilegungen bis zum Redaktionsschluß der Arbeit berücksichtigen. Es ist zu erwarten, daß mit weiterem Material noch mehr über das eine oder andere Fachwerk gesagt werden kann. Die in der Literatur sich teilweise widersprechenden Angaben konnten nicht alle geklärt werden, da entsprechende, eindeutige Belege durch die Zerstörung der Altstadt zum Teil nicht mehr erbracht werden können.

Bei der Beschaffung des Materials standen mir viele Ämter, Institutionen und Personen hilfreich zur Seite. Stellvertretend für viele andere danke ich Herrn Dr. Andernacht und Herrn Prof. Dr. Klötzer, Stadtarchiv sowie Herrn Dr. Stubenvoll, Historisches Museum. Mein ganz besonderer Dank gilt dem Vorstand der Frankfurter Sparkasse von 1822, der die Drucklegung der Arbeit ermöglichte.

Manfred Gerner

I. Die Fachwerke der Frankfurter Altstadt und Sachsenhausens aus Mittelalter, Übergangs- und Beharrungszeit, 13.–18. Jahrhundert

Die Fachwerke der Altstadt und Sachsenhausens sind den drei deutschen Fachwerkstilepochen zuzuordnen: Mittelalter bis 1470, Übergangszeit von etwa 1470 bis 1550 und Beharrungszeit von etwa 1550 bis 1750.

Mittelalter

Fachwerke des späten Mittelalters sind in Deutschland nur in wenigen Beispielen erhalten geblieben. Bei allen bekannten Häusern vor 1400 wurde das Gefüge durch umbaubedingte Veränderungen teilweise stark gestört und die Befunde ließen noch einen erheblichen Deutungsspielraum zu.

Schriftlich fixierte Überlieferungen erhärten die Tatsache, daß im Mittelalter auch in Frankfurt Fachwerk praktisch die ausschließliche Bauweise war: Von 1253 bis 1311 gab es nur acht Steinhäuser in der Stadt. Nach der zweiten Stadterweiterung im Jahre 1333, bei welcher die Grundfläche der Stadt um 300% erweitert wurde, begann eine verstärkte Bautätigkeit. Die Bevölkerungszahl stieg aber nur langsam an, 1350 waren es rund 9000 Einwohner. O. Lindheimer schrieb in „Frankfurt und seine Bauten“ über den Zustand der Gebäudesubstanz nach 1333: „Im Inneren machte die Stadt, in dem alten wie in dem neuen Theile, keinen sonderlich günstigen Eindruck. Die Bauart war wohl ähnlich, wie wir sie heute noch an den ältesten erhaltenen Häusern sehen: hochragende Giebelfronten mit vielen Überhängen, in Fachwerk mit Lehmausstükkung, die Dächer jedoch nicht wie heute in Schiefer sondern mit Stroh oder Holzschindeln bedeckt.“

Größte Gefahr drohte den Fachwerken durch Brände und zu geringe Pflege. Mit Ratsverfügungen aus den Jahren 1386, 1439 und 1466 wurden deshalb zunächst die Strohdächer verboten, mit einer weiteren Verfügung im Jahre 1474 auch die Holzschindeldächer. Viele Hausbesitzer gaben während des Mittelalters ihre Häuser oder Teile davon in Zinsleihe, waren dann weniger an der Bauunterhaltung ihrer im Eigentum eingeschränkten Gebäude interessiert und es kam zu zunehmendem Verfall. Im Jahre 1470 wurde deshalb eine kaiserliche Verordnung erlassen, „Nach welcher binnen Jahresfrist die baufälligen Häuser und öden Plätze wieder herzustellen und zu bebauen wären, widrigenfalls sie der Stadt als Eigentum zufallen sollten«.

Schellgasse 8, Sachsenhausen

Das äußerlich unscheinbare, erst kürzlich vom Autor entdeckte, derzeit älteste Fachwerkhaus Deutschlands, ist von äußerster konstruktiver Klarheit und läßt kaum noch Spekulationen über die Art der Fachwerkkonstruktionen im späten 13. Jahrhundert in Deutschland zu. Ernst Hollstein hat auf der Basis der Untersuchung einer Eichenholzscheibe eines Eckständers das Fälljahr des Bauholzes fest auf 1291 datiert. Da das Holz im Spätjahr gefällt wurde, ist als Bauzeit 1291/92 anzusetzen.

Das schwellenlose Fachwerk besitzt 4 Eck- und 2 Bundständer, je ca. 35 x 35 cm stark, die alle über zwei Geschosse durchlaufen und auf Fundamentsteinen aufsitzen. Alle Riegel sind aufgeblattet, den oberen Halt bildet ein aufgesetzter Rahmen, auf welchem ca. 18 x 24 cm starke Dekkenbalken ruhen. Die Deckenbalken sind mit kräftigen Sparren verblattet und bilden mit diesen ein festes Dreieck. Der Nordgiebel wird von einem, vom Fundament bis zum First durchgehenden, annähernd 10 m hohen Firstständer beherrscht, der auf die Konstruktion prähistorischer Firstpfostenhäuser zurückgeht. Beidseitig des praktisch über 4 Geschosse durchgehenden Firstständers sind vom Fundament bis zum Dachfuß über zweieinhalb Geschosse außen durchgehende Bänder aufgeblattet.

Das Erdgeschoß des Hauses war zur Bauzeit eine große Halle, die deckentragenden Mittelstützen sind deshalb als achteckige Säulen verzimmert. Die dicken Rußschichten der Dachbalken und Sparren bezeugen eindeutig, daß es sich noch um ein Rauchhaus, also ein Haus ohne Kamin, handelt.

Haus Schellgasse 8 im Zustand Anfang 1979. Deutlich sichtbar sind die über zwei Geschosse durchgehenden Eckständer, der etwa mittige Bundständer und der ebenso über zwei Geschosse reichende Ständer rechts neben der Haustür.

Feines mittelalterliches Verzimmerungsdetail. Der als Unterzug dienende Hauptbalken ist in den achteckig gearbeiteten Mittelstiel eingehalst. Zur Aussteifung dienten geschweifte Kopfbänder, das rechte Band wurde bei Umbauten entfernt.

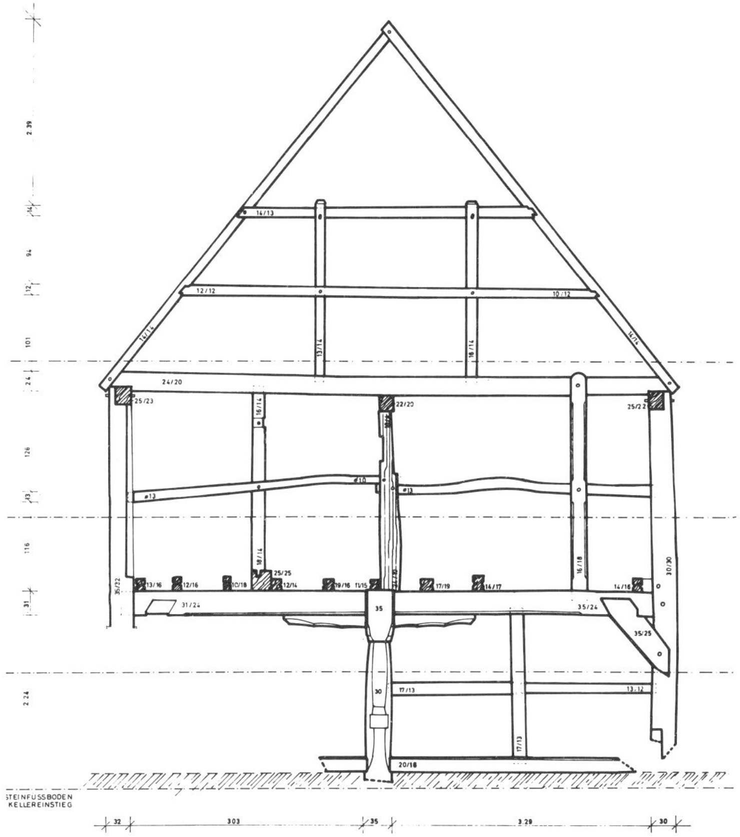

Aufmaß des Südgiebels von innen. Das Aufmaß läßt erkennen, daß die wesentlichen Gefügeteile noch vorhanden und aufschlüsselbar sind. Die Ständer wurden teilweise erst bei jüngsten Eingriffen abgeschnitten. Aufmaß: Architekten Bläser, Schmidt, Bundschuh und Mitarbeiterin Geser.

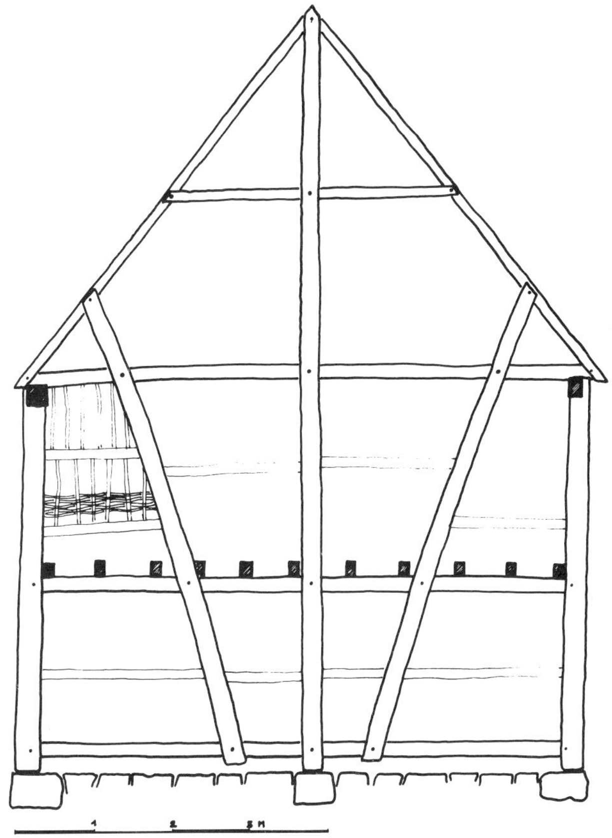

In der Rekonstruktion wird das ursprüngliche mittelalterliche Gefüge noch deutlicher: Ständer und aussteifende Hölzer über alle Geschosse, Holzverbindungen meist als Blätter. Rekonstruktion: Referat für Denkmalpflege der Stadt Frankfurt am Main, Architekt M. Gerner.

Die Wandausfachungen in der Schellgasse bestehen aus Flechtwerkwänden, ähnlich den bereits aus vorgeschichtlicher Zeit bekannten Ausführungen. Zwischen die Fachwerkstäbe sind in Kerben oder gebohrte Löcher bis zu 5 cm starke Stakhölzer gespannt. Diese sind mit Weidengeflecht ausgeflochten und beidseitig mit Lehm – vermischt mit Strohhäcksel – beworfen und glatt gestrichen. Die Anstrichfragmente stammen aus dem 19. Jahrhundert.

Haus Fürsteneck

Ein weiteres, sehr altes Haus hielt sich bis zum Kriege: das Haus Fürsteneck in der Fahrgasse, wahrscheinlich Mitte des 14. Jahrhunderts von Johann v. Holzhausen gebaut. Das Gebäude ist im eigentlichen Sinne kein Fachwerkbau gewesen, sondern gehörte zu den wehrhaften massiven Zinnenkranzhäusern der Frankfurter Patrizierfamilien. Der Wehrgang im vierten Obergeschoß war jedoch ganz als Fachwerk ausgeführt. Die Anordnung der Hölzer und die Ausführungen der Holzverbindungen, die auf den vorhandenen Zeichnungen deutlich zu erkennen sind, geben exakt Auskunft über das Fachwerk jener Zeit. Die Holzverbindungen der Kopf- und Fußbänder entsprachen denjenigen des etwa zur gleichen Zeit erbauten Hauses Kuhgasse 1 in Gelnhausen.

Haus Fürsteneck, Innenansicht der südöstlichen Ecke des Wehrturms „Zu den 3 Säuköpf". Die Wehranlagen aus Fachwerk zeigen die in der Mitte des 14. Jahrhunderts gebräuchlichen Holzverbindungen: Zapfen- und Weichschwanzblätter. Aufmaß: Architekt Mehs, 1924

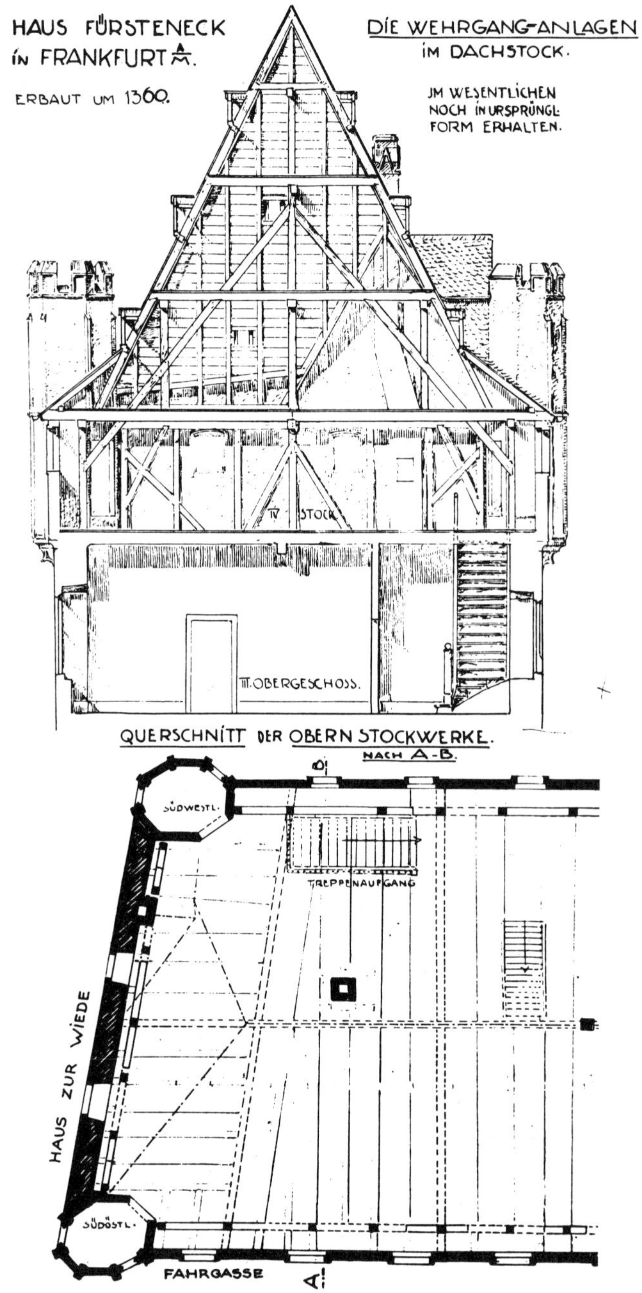

Haus Fürsteneck, Querschnitt durch drittes und viertes Obergeschoß sowie das Dach und Grundrißausschnitt viertes Obergeschoß.
Aufmaß: Architekt Mehs, 1924

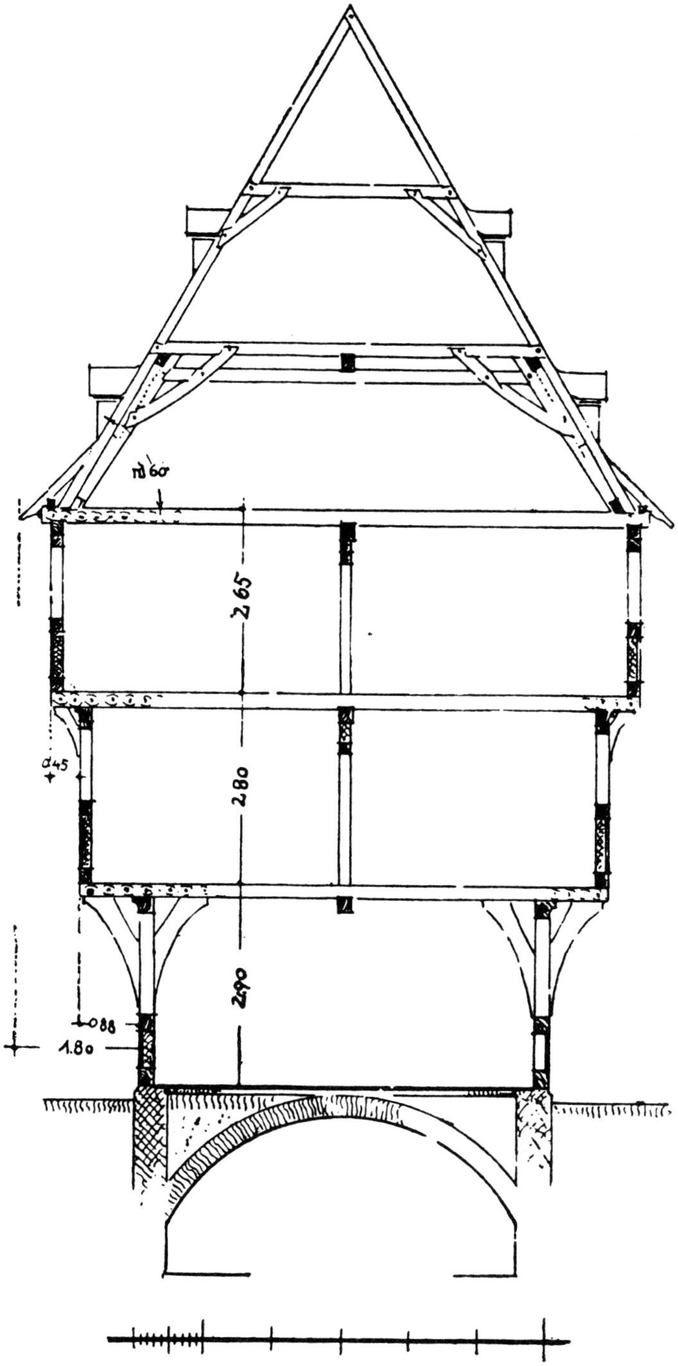

Schemaschnitt gotischer Fachwerkhäuser in Frankfurt. Die Bügen im Erdgeschoß zur Queraussteifung des Gefüges waren sowohl nach innen als auch nach außen angeordnet. Der Dachstuhl wurde als liegender Stuhl mit zwei Kehlbalkenlagen ausgebildet. Zeichnung Prof. Friedrich Schad.

Übergangszeit

Aus der Zeit zwischen 1470 und 1550, der Zeit also, die von Walbe für das hessisch-fränkische Fachwerk als Übergangszeit bezeichnet wird – Übergangszeit vom Ständerbau mit noch weitgehend ungegliedertem Wandbild zum stockwerksweise abgebundenen Rähmbau mit ausgeprägtem, gegliedertem Bundsystem – gab es in Alt-Frankfurt und Sachsenhausen zahlreiche Gebäude. Von mehr als 20 dieser Häuser sind die Gefüge, zumindest die Wandgefüge, durch Fotos, Skizzen oder Aufmaße bekannt.

Zusammenfassend sind für die Frankfurter Bauten aus der Übergangszeit folgende Merkmale zu nennen: Ausschließliche Anwendung der Stockwerksrähmkonstruktion; zu Spitzbogen gegliederte hohe und starke Ständer mit Kopfwinkelhölzern im Erdgeschoß, bei den frühen Bauten noch ohne Schwelle; die Erdgeschosse oft als Halle ausgebildet; bei den auskragenden (überhängenden) Geschossen weitgehend noch Knaggenverriegelung mit hohen Bügen (Knaggen); nicht auskragende Geschosse aufgekämmt; wandhohe konvex gebogene Streben und über den Brustriegeln ansetzende, ebenfalls gebogene Gegenstreben als Vorform der „Männer"; Viertelkreisfußbänder; Walm-, Krüppelwalm- oder Satteldächer, letztere oft mit der für Frankfurt typischen Nasenausbildung und insgesamt bereits eine große Eleganz des Fachwerks durch Verwendung nicht zu dicker Hölzer sowie steile Ausführung aller aussteifenden Stäbe. Die Gebäude standen mit den Giebeln zur Straße, die Treppen wurden meist noch in der gotischen Form als Wendeltreppen ausgeführt. Die Dächer wurden bis zu einer Breite von ca. 6 m als einfache Kehlbalkendächer (Binderdächer) ausgebildet, bei größeren Hausbreiten wurden einfache oder doppelte Sprengewerke als liegende Dachstühle oder Hängewerke zur Abtragung der Dachlasten angeordnet.

Wenn, wie von Walbe und Sage vermutet, keine durchgehenden aufgeblatteten Riegel bei Frankfurter Fachwerken der Übergangszeit zu finden waren, so deutet dies darauf hin, daß die Fachwerke dieses Typs bis auf Ausnahmen relativ spät anzusiedeln sind, also meist nach 1480.

Haus Steinheimer,

Schnurgasse 15, Ecke Borngasse.

Der Hausname wurde schon 1370 erwähnt, das hier behandelte Haus wurde in der Mitte des 15. Jahrhunderts gebaut bzw. umgebaut und 1905 abgebrochen.

Die Art der Knaggenverriegelung gibt für eine früher angesetzte Datierung nur wenig Spielraum. Denkbar wäre allerdings, daß die gebogene Strebe des zweiten Obergeschosses als Band früher über mehrere Geschosse durchlief. Dann käme eine Entstehungszeit des Fachwerks vor 1400 in Frage.

Das Haus Steinheimer setzte sich aus zwei Gebäuden zusammen: dem viergeschossigen Hauptbau mit zwei Dachgeschossen und einem dreigeschossigen Nebenbau mit eingeschossigem Dachstuhl. Das Haus hatte noch keine Schwellen im Erdgeschoß, evtl. waren Schwellriegel zwischen den Ständern angeordnet, dies ist jedoch nicht mehr nachweisbar. Im Erdgeschoß zeigte das Gebäude Spitzbogenöffnungen aus Eichenständern und gebogenen Kopfbändern. Bis auf eine wandhohe gebogene Strebe im zweiten Obergeschoß war das Fachwerk weitgehend verändert. Auffallend waren die halbgeschoßhohen Knaggen (Bügen), an der Gebäudeecke in einer Dreiergruppe radial angeordnet. Die typische Quergebindekonstruktion war mittels dieser Knaggen innen und außen verriegelt.

Schemaskizze des Fachwerkgefüges im Haus Steinheimer. Verriegelung mittels Knaggen nach innen wie nach außen.

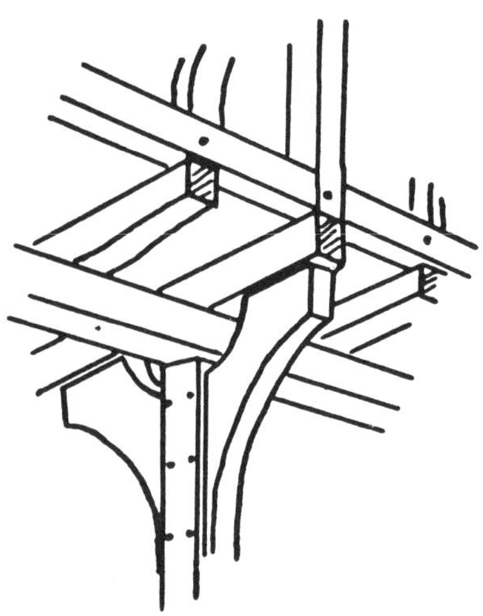

Haus Mohrenkopf,

früher Haus Hanau, Hinter dem Lämmchen 10.

Der Hausname wurde schon 1322 erwähnt, das hier beschriebene Haus wurde um 1450 gebaut und 1944 zerstört. Das Gebäude war nur in verputztem Zustand bekannt. Die Knaggen des Erdgeschosses hatten eine Höhe von 2,20 m und waren zweifach konkav gebogen. Bei Innenarbeiten wurde ein Teil des Fachwerks in den Obergeschossen sichtbar: ungewöhnlich war die niedrige Anordnung der Halsriegel. Die Streben waren gerade, in der 1a-Form nach Walbes Gliederung. Ein Schüler von Prof. Schad hat um 1920 in einem Aufmaß die Konstruktion des Erdgeschosses dargestellt. Danach war das Gebäude nicht nur mit den doppelt gebogenen Knaggen innen und außen verriegelt, sondern diesen Knaggen völlig gleich geformte Kopfbänder verbanden in der Wand die Ständer und schlossen die Bögen kleeblattartig. Das Haus besaß keine Fußschwellen oder Schwellriegel, die Ständer standen unmittelbar auf dem Fundament. Die Verzimmerungsdetails zeigen im übrigen hohen technischen Stand; alle Verbindungen waren gezapft, die Erdgeschoßbalken waren zusätzlich zur Knaggenverriegelung aufgekämmt. Die Balken lagen sehr eng, auffällig ist dabei, daß der Balken, in dem die Stichbalken eingestochen waren, nicht verstärkt, wie die übrigen Bundbalken ausgeführt, war. Da die Maßaufnahme sehr exakt ist, gibt es keinen Grund, an der Konstruktion zu zweifeln. Das Zwischengeschoß wäre demnach später eingebaut worden, evtl. in Umwandlung einer Bowellage. Bei dem Einbau der Fenster für das Zwischengeschoß müssen die Kopfbänder zum Teil herausgeschnitten worden sein.

Haus Mohrenkopf, Ausbildung der doppelt gekehlten Knaggen (Bügen), an der Hausecke gebündelt mit dem namensgebenden Mohrenkopf. Foto aus dem Jahre 1902.

Haus Grünau,

(Haus Zur großen grünen Aue), Kleiner Kornmarkt 19.

Wurde um 1500 gebaut und 1944 zerstört. Das erste und zweite Obergeschoß sowie der Giebel zeigten typisches Fachwerk der Übergangsform mit bereits ausgeprägtem Wandbild im Bundsystem. Das Erdgeschoß wurde später erneuert. Ohne zusätzliche schmückende Hölzer hatte es der Zimmermeister verstanden, ein prächtiges Bild allein durch die Gliederung und Anordnung der konstruktiv notwendigen Holzstäbe zu schaffen. In der Ursprungsform hatte das Haus schmälere Fenster mit Gewändepfosten. Der vom zweiten Obergeschoß bis zum First reichende Ständer in Giebelmitte erinnerte noch an die älteren Firstsäulenkonstruktionen. Ein gutes Beispiel für ein ähnlich aussehendes Haus ist das Gebäude Schloßgasse 11 in Büdingen.

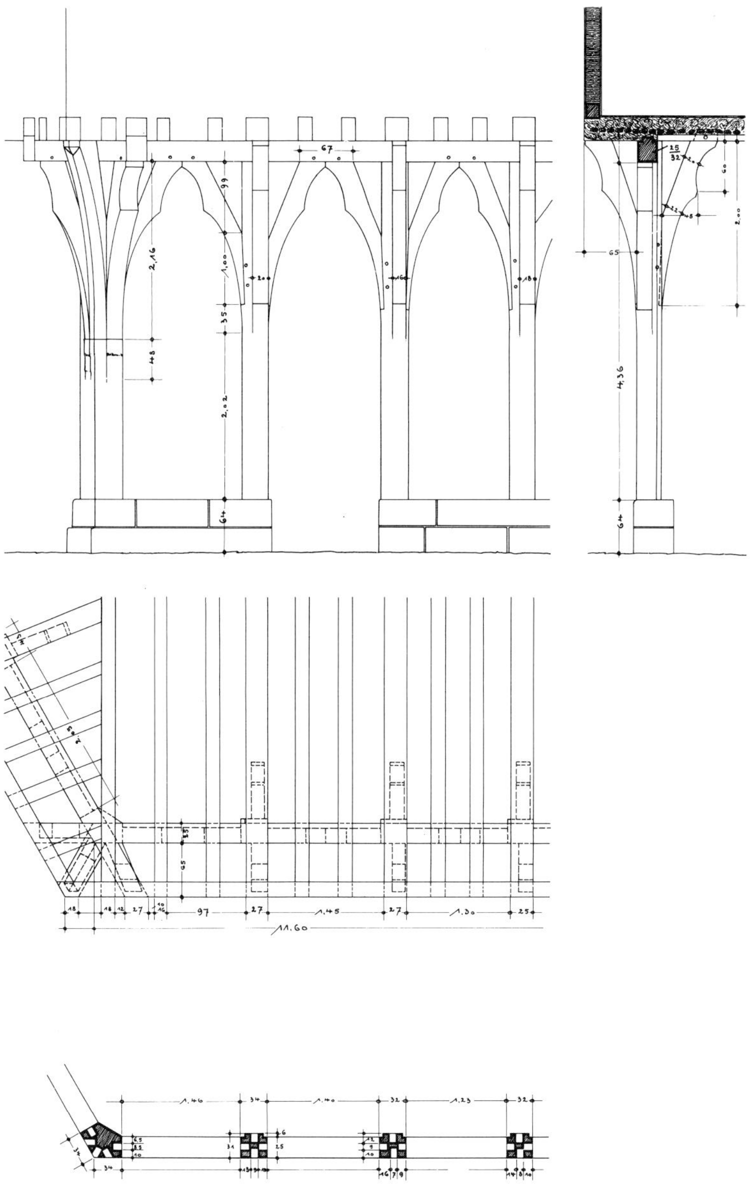

Maßaufnahme des Erdgeschosses Haus Mohrenkopf: Ansicht, Grundriß der Balkenlage und Schnitte. Aufmaß: Schüler von Prof. Schad.

Haus Grünau, Kleiner Kornmarkt 19, nach der Altstadtaufnahme von 1943

Haus Zum Dürren Baum,

Buchgasse 10/Ecke Falkengasse.

Wurde um 1500 gebaut, 1937 restauriert und 1944 zerstört. Als einziges bekanntes Beispiel in Frankfurt hatte dieses Gebäude je zwei wandhohe überblattete Fußstreben und zwei ebensolche Kopfstreben an jedem Bundpfosten.

Haus Zum Dürren Baum, Ansichten.
Aufmaß: Architekt Mehs, 1940.

Haus Kleine Münze,

An der Schmidtstube 1/Ecke Kleine Fischergasse.

Wurde um 1520 gebaut und 1944 zerstört. Auf später untergebautem, barockem Erdgeschoß besaß das Gebäude Fachwerk mit hohen steilen Streben und Viertelkreisbögen. Die polygonalen Türmchen saßen auf je drei kräftigen Bügen. Bei der Freilegung des Fachwerks 1938 unter Baurat Derlam versuchte man, das Fachwerk möglichst wieder in den ursprünglichen Zustand zu versetzen. Die Anordnung der Viertelkreisfußbänder wie auch der Ständerstellung im zweiten Obergeschoß waren dabei nicht ursprünglich.

Haus Stadt Nürnberg,

An der Schmidtstube 1/Ecke Kleine Fischergasse.

Wurde um 1530 gebaut und 1944 zerstört. Das Gebäude wurde als Backhaus, Judenwirtshaus und Judenheckhaus erwähnt. Das Fachwerkbild war dem der Kleinen Münze ähnlich, Viertelkreisfußbänder fehlten allerdings völlig. Das Haus wurde mit der Kleinen Münze vereinigt und trat dann mit diesem Haus unter dem Namen Stadt Nürnberg auf.

Haus Stadt Nürnberg und Kleine Münze.
Aufmaß: Architekt C. Knabenschuh, 1940/41.

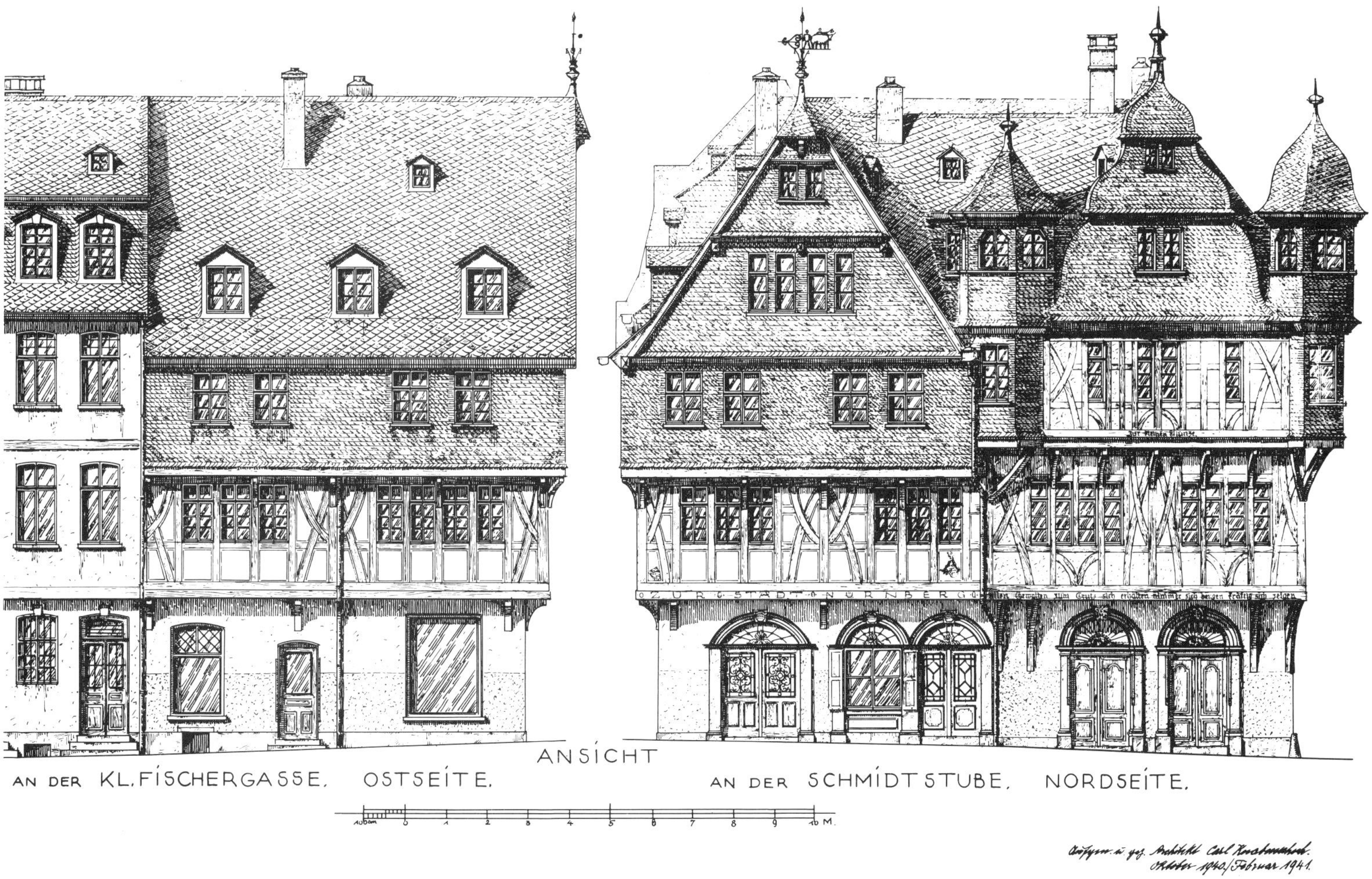

Haus Kellertür,

früher Haus Glißmud, Alter Markt 31, wurde um 1500 gebaut und 1944 zerstört.

Das Fachwerk hatte, im Gegensatz zur Entwicklung im übrigen Hessen, immer noch sehr lange Knaggen, nach Reiffenstein waren sie fast geschoßhoch. Die Konstruktion war im übrigen typisch für die schon weit fortgeschrittene Technik: erstes und zweites Obergeschoß waren mit Hilfe der langen Knaggen verriegelt, das dritte Obergeschoß war auf das zweite Obergeschoß aufgekämmt. Die Viertelkreisfußbänder waren nur schmückend angeordnet. Zur Ursprungszeit des Hauses waren die Fenster schmäler und niedriger und besaßen noch einen Sturzriegel.

Haus Dracheneck,

Alter Markt 33, wurde 1531 gebaut und 1944 zerstört.

Das Fachwerk war ähnlich dem des Nachbarhauses Kellertür, nur mit einer geringeren Auskragung (Überhang), ausgeführt. Die Andreaskreuze wurden erst in der Barockzeit bei der Vergrößerung der Fenster als Ersatz für entfernte Streben eingebaut.

Alter Markt, links Haus Kellertür, rechts Haus Dracheneck.

Haus Landeck,

Römerberg 8, zwischen Bendergasse und Saalgasse, wurde 1544 gebaut und 1944 zerstört.

Im Haus Landeck waren die älteren Häuser Landeck und Kronenburg zusammengefaßt. Das Haus war nur in verputztem Zustand bekannt. Prof. Schad hatte das Fachwerk in einer Zeichnung rekonstruiert. Da Schad alle erreichbaren Indizien berücksichtigte, muß die Rekonstruktion annähernd dem Original entsprechen. So wie das Haus Grünau als ausgesprochen typisches Beispiel für ein Fachwerkbild der Übergangszeit im Giebel anzusehen ist, so muß das Fachwerk des Hauses Landeck als ein vollendetes Fachwerkbild der Traufseite angesehen werden. Das Erdgeschoß war bereits massiv gemauert, zum Römerberg hin in vier Rundbogenarkaden gegliedert. Diese einfachen Rundbogen waren der Übergang von den spitzbogigen Erdgeschossen aus Ständern und Kopfbändern in der Gotik zu den in schmuckvollen Rundbogenarkaden aufgelösten Steinerdgeschossen der Fachwerke des späten 16. Jahrhunderts. Auf dem Massivgeschoß des Hauses Landeck ruhten drei Fachwerkvollgeschosse mit einem steilen Dach. Das stark ausgeprägte Fachwerkbild wurde von den Bund- und Eckständern mit jeweils konvex gebogenen geschoßhohen Fußstreben und dreiviertelgeschoßhohen gebogenen Kopfstreben bestimmt. Die Bundständer standen symmetrisch und bildeten in der Hausmitte eine Dreiergruppe, die die Fassade in zwei schmale Mittelfelder und zwei breitere äußere Wandteile gliederte. In allen nicht von Streben beanspruchten Wandfeldern saßen Kreuzstockfenster zwischen Brüstungs- und Sturzriegeln. Die Geschosse waren aufgekämmt. Unter jedem Bundständer und an den Ecken radial gruppiert waren trotzdem etwa 70 cm lange Knaggen angeordnet. Es konnte des öfteren bei Frankfurter Fachwerken, wie am Beispiel des Hauses Landeck, festgestellt werden, daß noch lange Knaggen angeordnet wurden, auch wenn sie konstruktiv nicht mehr notwendig waren. Die im ersten Obergeschoß angeordneten Viertelkreisfußbänder dienten ebenfalls mehr der Schmückung denn der Aussteifung des Fachwerks. Der sich andeutende Übergang vom gotischen Fachwerk ohne schmückende Hölzer oder Schnitzwerk zum Fachwerk der Renaissance war auch an den Eckständern des Hauses Landeck festzustellen, die bereits mit Schnitzereien – gedrehten Ecksäulen in Schnecken auslaufend – versehen waren. Ein ähnliches Fachwerkbild wie das des Hauses Landeck ist heute in Höchst, am Haus Zum Anker, Bolongarostraße 173, zu sehen.

Haus Landeck am Römerberg, die Traufseite zeigt typisches Fachwerk der Übergangszeit. Zeichnung: Prof. Friedrich Schad.

Die bis jetzt bekannt gewordenen Fachwerkhäuser der Frankfurter Altstadt und Sachsenhausens aus dem Mittelalter und der Übergangszeit, deren Fachwerkgefüge durch Fotos, Skizzen oder Zeichnungen belegt ist, sind:

1291/92	Schellgasse 8, (Sachsenhausen),
2. Hälfte 15. Jh.	Haus Steinheimer, Schnurgasse 15, Ecke Borngasse
2. Hälfte 15. Jh.	Haus Mohrenkopf (Haus Hanau), Hinter dem Lämmchen 10
ca. 1503	Haus Aldenburg, An der Leonhardspforte (Alte Mainzergasse 29)
um 1500	Eckhaus Saalgasse 2/Weckmarkt 7
um 1500	Jägergasse 1 (Sachsenhausen)
um 1500	Roter Hahn, Klostergasse 2
um 1500	Haus Kellertür (Haus Glißmund), Alter Markt 31
um 1500	Haus Grünau, Kleiner Kornmarkt 19
um 1500	Kleiner Kornmarkt 17
um 1500	Haus Zum Dürren Baum, Buchgasse 10, Ecke Falkengasse
um 1500	Haus Ortenstein, Große Sandgasse 11
um 1500	Große Fischergasse 18
um 1500	Peterskirchpfarrhaus, Schäfergasse 27
um 1500	Neues Rotes Haus, Alter Markt
um 1500	Heldenbergerhof, zwischen Kerben- und Karpfengasse
um 1500	Römerberg 9
um 1500	Römerberg 13
um 1520	Kleine Münze, An der Schmidtstube 1
um 1530	Stadt Nürnberg, An der Schmidtstube 1
um 1531	Haus Dracheneck, Alter Markt 33
um 1540	Haus Blume, Dreikönigstraße 2 (Sachsenhausen)
um 1544	Haus Landeck, Ecke Bendergasse Römerberg und Saalgasse
1. Hälfte 16. Jh.	Kleines Paradies, Alter Markt 27

Titelblatt des zweiten Teiles von Johann Wilhelms „Holzbaukunst" aus dem Jahre 1668.

Blütezeit des Frankfurter Fachwerks waren die Jahrzehnte zwischen 1590 und 1620. Mit dem Ende der Übergangszeit hatte sich die ab dieser Zeit für zweihundert Jahre das fränkische Fachwerk bestimmende Wandfigur des Mannes (Wilden Mannes) als Verstrebungsform herausgebildet. Während im gotischen und spätgotischen Fachwerk nur konstruktive Stäbe und kaum Schmuckhölzer angeordnet wurden, folgte mit dem Beginn der Renaissance, mit den stilistisch-konstruktiven Merkmalen des Fachwerks der Beharrungszeit, reichlicher Schmuck: in erster Linie Andreaskreuze (Feuerböcke), Rauten, durchkreuzte Rauten, durchkreuzte Kreise, Fünferkreuze sowie geschweifte Hölzer mit und ohne Nasen.

Die Grundrisse und Hausgrößen, durch die Grundstückszuschnitte vorgegeben, änderten sich nur unwesentlich. Schmale Häuser, wie das Haus Wertheim, waren zweischiffig mit Mittelunterzug oder einer tragenden Fachwerkinnenwand ausgebildet, breitere Gebäude erhielten zwei Längsunterzüge oder Fachwerkinnenwände und wurden dadurch dreischiffig.

Wegen der größeren Brandsicherheit wurden fast nur Häuser mit Massiverdgeschossen und darüber zwei oder drei auskragenden Fachwerkobergeschossen errichtet. Saßen in der Gotik die Fenster nur zwischen Brust- und Halsriegel, so wurden sie zu Beginn der Renaissance zunehmend höher und schon im späten 16. Jahrhundert entfiel bei vielen Häusern der Fenstersturzriegel ganz, d. h. die Fenster reichten vom Brustriegel bis zum Rähmholz. Ab 1550 entstanden in Frankfurt, ebenfalls aus Brandsicherheitsgründen, die ersten Traufenhäuser mit über die Dachhöhen gezogenen massiven Brandwänden. Die Traufenhäuser erhielten aber schon bald große Zwerchhäuser oder Zwerchgiebel zur Straße, zum einen als Schmuckform, zum anderen aus ganz praktischen Gründen: zur Erzielung zusätzlicher Räume und um die Warenaufzüge anzubringen. Die optische Veränderung des Stadtbildes durch die Firstschwenkung wurde durch die oft über die gesamte Hausbreite angelegten Zwerchhausgiebel, wie z. B. am Haus Heidentanz, wieder aufgehoben.

Zum Schmuck der Häuser gehörten, neben den Schmuckhölzern in den Brüstungsfeldern und Schnitzereien, geschweifte Giebel, in wenigen Fällen auch Wanderker, wie am Darmstädter Hof, in der Kannengießergasse oder am Großen Engel, sowie Eckerker wie am Haus Luthereck, Würzburger Eck und Zum Weißen Roß. Kunstvoll ausgebildet waren die Konsol- und Kragsteine, die bei Massivgeschossen Knaggen ersetzten.

Die biederen Frankfurter Kaufleute zeigten ihren Reichtum nicht gerne nach außen, d. h. sie schmückten ihre Häuser weniger, während die zugewanderten Kaufleute, gegen den Willen der Frankfurter, besonders großzügig geschmückte Bauten entstehen ließen.

Haus Krawallschachtel,

Alte Gasse 24, wurde wahrscheinlich 1546 erbaut.

Das Gebäude mußte zahlreiche Umbauten über sich ergehen lassen und ist bis heute nicht freigelegt. Im Norden stützt sich das Haus teilweise auf die Brandmauer des im Krieg zerstörten Nachbargebäudes. Auf dem hohen Tonnengewölbe des Kellers sitzt ein Massiverdgeschoß und darauf das erste Obergeschoß in Fachwerk. Das gesamte Fachwerkgefüge ist weitgehend verändert, beim Einbau größerer Fenster hat es stark gelitten. Unter dem zweiseitigen Überhang des ersten Obergeschosses befinden sich Knaggen, an der Ecke radial angeordnet, die jedoch schon zu reinen Zierknaggen auf eine Höhe von nur 50 cm geschrumpft waren. Auffallend ist der Wechsel in der Richtung der Balkenlagen zwischen der Decke über dem Erdgeschoß und der Decke über dem ersten Obergeschoß. Die große, unförmige Gaube auf der Südseite des Daches stört das Aussehen des Hauses beträchtlich. Eine Freilegung des Fachwerks könnte aufschlußreiche Indizien für den Wechsel von Übergangs- zu Beharrungsfachwerk in Frankfurt bringen.

Brommscher Hof,

später Darmstädter Hof, Zeil 46, wurde zwischen 1552 und 1557 von Klaus Bromm errichtet. Ein Seitenflügel dieses Hofs war bis Ende des 19. Jahrhunderts erhalten. Von diesem Seitenflügel ist eine Zeichnung überliefert.

Auf einem hohen Kellergewölbe saß ein Fachwerk-Erdgeschoß, darüber, auf Knaggen ausladend, das erste Obergeschoß. Dieses war durchgehend mit einfachen Andreaskreuzen in den Brüstungsgefachen geschmückt. Der Darmstädter Hof ist damit das älteste datierte Gebäude in Frankfurt, das Andreaskreuze aufweist. Es muß davon ausgegangen werden, daß hier das früheste Vorkommen dieser Schmuckform in Frankfurt vorliegt. Einfache gerade und etwas später auch geschweifte Andreaskreuze, Feuerböcke genannt, waren wahrscheinlich überhaupt die ersten Schmuckhölzer. Die Verstrebung der Fachwerkwände des Seitenflügels im Darmstädter Hof erfolgte mit fast wandhohen geraden Fußstreben und dreiviertelgeschoßhohen, ebenso geraden, Kopfstreben. Diese Verstrebungsform ist demnach, neben einem frühen Vorkommen zu Beginn der Übergangszeit, zwischen den gebogenen Strebenanordnungen und dem echten „Mann“ einzuordnen, der 1556 mit dem Bau des Melsunger Rathauses erstmalig auftrat.

Großer Engel (Großer Wechsel),

Am Römerberg 28, in Verbindung mit dem Doppelhaus Kleiner Engel, Ecke Alter Markt 35/Rapunzelgasse, wurde 1562 zur Krönung Kaiser Maximilian I. errichtet, nach einem Brand 1582 umgebaut, 1905 von der Stadt Frankfurt gekauft, von Stadtbaumeister Felix Grörich gründlich restauriert und am 22. März 1944 zerstört.

Frau Anna Niklas Steinmetz, Witwe des Spitalmeisters Steinmetz, ließ das Haus für ihre Schwiegersöhne Harpf – Kleiner Engel – und Deublinger – Großer Engel – errichten. Die beiden traten wohl selbst als Bauherren auf, denn Stadtschreiber Johannes Hilarius Harpf und der Goldschmied Siegfried Deublinger, dessen Familie um 1500 von Schwaben nach Frankfurt kam, baten den Rat der Stadt Frankfurt um Bauerlaubnis für den um diese Zeit mit fünf Geschossen auf einer Grundfläche von 25 qm für den Großen Engel und 22 qm für den Kleinen Engel ungewöhnlich mutigen Bau. Das Gebäude war seiner Zeit weit voraus.

Das arkadenartig aufgelöste Massiverdgeschoß – evtl. samt Zwischengeschoß von einem Vorgängerbau stammend – mit polygonalen Bögen erinnerte noch an die offenen Erdgeschoßhallen der gotischen Handelshäuser. Es folgte ein ebenfalls noch massives feines Zwischengeschoß, darauf ein weit ausladendes erstes Obergeschoß in Fachwerk, das zweite Obergeschoß weniger hervorkragend und das dritte Obergeschoß bündig aufgekämmt. Darüber saß ein steiles Dach mit zwei Giebelnasen. Daß die Auskragungen einen erheblichen Flächengewinn brachten, zeigt sich daran, daß das zweite Obergeschoß des Großen Engels eine überbaute Fläche von 36 qm und das des Kleinen Engels von 29 qm aufwies.

Der Erkerunterbau umfaßte in seiner Höhe das gesamte Zwischengeschoß, er war üppig geschnitzt, herausragend der namensgebende Große Engel. Der Erker endete in einem achteckigen eingeschossigen Türmchen mit spitzer Haube. Die Fenster des ersten Obergeschosses füllten die gesamte Höhe zwischen Brüstung und Rähmholz. Im zweiten und dritten Obergeschoß waren die Stürze der schmalen Fenster als Kielbogen (Eselsrücken) ausgebildet. Die kleeblattartigen Stürze über den Fenstern des Turmgeschosses zeigten wie das Erdgeschoß die nahe Verwandtschaft zur Gotik. Die Brüstungen des ersten Obergeschosses sowie alle Brüstungen des Erkers waren mit Feuerböcken – geschweiften Andreaskreuzen mit Nasen – geschmückt. Von unten nach oben in der Intensität abnehmend waren die Fachwerkstäbe reich mit meist figürlichem Schnitzwerk versehen. 1658 lag, nach dem Diarium Leopold I. das Fachwerk noch frei. 1742 war, nach dem Diarium Karl VII. die Fassade zum Römer bereits verschiefert. Dieser Schieferschirm verdeckte das Fachwerk über Jahrhunderte, auch 1905 bei der Sanierung wurde nur das zweite Obergeschoß freigelegt.

Für die Fachwerkgeschichte bedeutend war die Errichtung eines fünfgeschossigen Gebäudes auf kleinstem Grundriß und die fast wandhohen kaum noch gebogenen Streben.

Großer und kleiner Engel, Fassade in unverputztem Zustand und Foto aus der Zeit vor dem Krieg. Auf Seite 24 Aufmaß aus dem Jahre 1907/08.

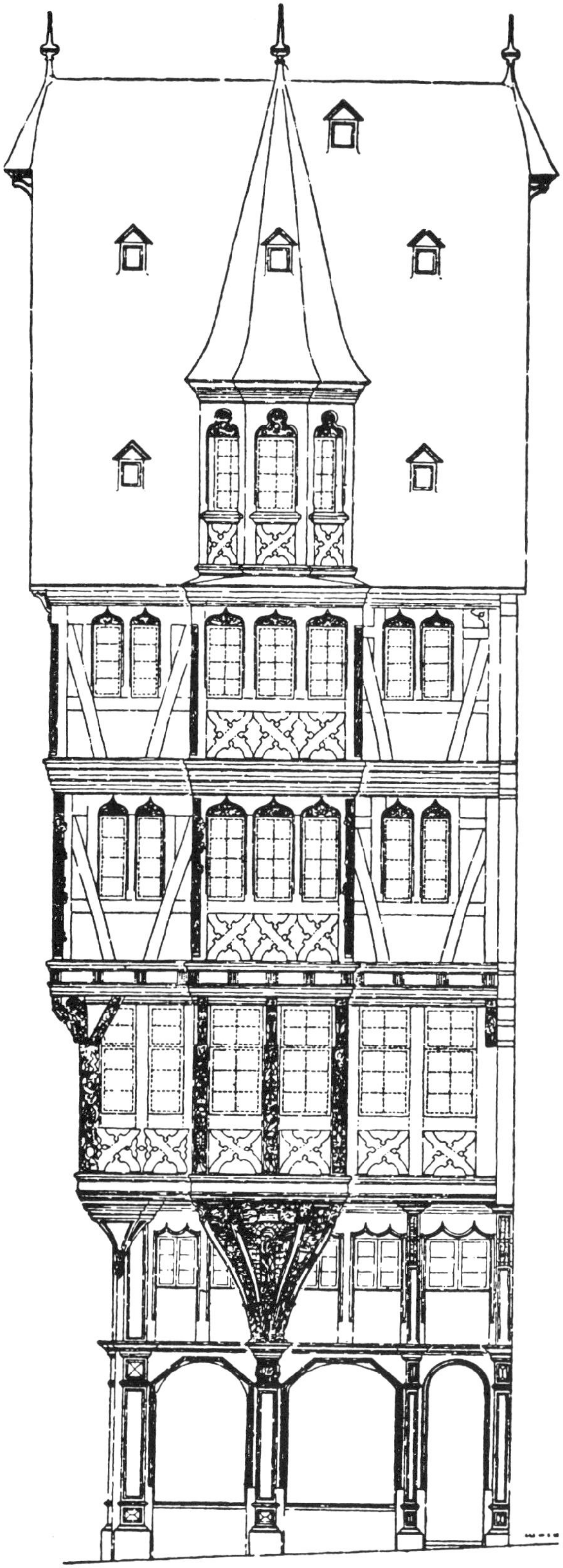

„GROSSER UND KLEINER ENGEL"
RÖMERBERG 28. MARKT 39.
FASSADEN NACH DER WIEDERHERSTELLUNG
KLEINER-ENGEL
GROSSER-ENGEL
AM RAPUNZEL-GÄSSCHEN
AM MARKT
AM RÖMERBERG
10 METER

Der Nordflügel des Großen Speichers,

Rotenkreuzgasse 1/Ecke Rosengasse, wurde 1587 bis 1590 von dem Seidenfärber Franz de le Boe gebaut, das Fachwerk 1880 unter O. Lindheimer von einer Putzschicht befreit und 1938 abgebrochen.

Es handelte sich um ein außergewöhnliches Fachwerk mit aus Bohlen geschnitzten Brüstungsfeldern, in denen ein liegendes Spangenkreuz auffiel. Eine ähnliche Figur war in Frankfurt nur noch in einem Brüstungsfeld des Hauses Zum Walfisch in der Alten Mainzer Gasse bekannt. Alle Holzteile des Großen Speichers waren mit üppigen Schnitzereien, Ornamenten, Rankenwerk und Figuren versehen. Der untere Fries über dem massiven Erdgeschoß und die Hermen auf den Ständern sowie das kleine Zwerchhaus ragten dabei heraus. Ähnlich den Fenstererkern von Fachwerkgebäuden am Mittelrhein stand das gesamte Wandoberteil über der Brüstung vor. Mit dem mehr horizontal denn vertikal gegliederten Gebäude des Großen Speichers war die Gotik im Frankfurter Fachwerkbau endgültig überwunden.

Großer Speicher, Nordflügel.

Haus Silberberg,

zum Haus Altlimpurg gehörend, Ecke Limpurgergasse/Römerberg, wurde 1595 gebaut, 1897 restauriert und 1944 zerstört.

Das massive Erdgeschoß bestand aus diamantierten Rundbögen, die im Ursprung wohl offen waren. Darüber folgten zwei Fachwerkgeschosse mit echten Männern und mit zu jener Zeit noch seltenen Rautenbrüstungen sowie mit geschweiften Hölzern durchdrungenen Andreaskreuzen im zweiten Obergeschoß. Die Brüstungen der Hofseite besaßen in beiden Geschossen das Motiv der kombinierten Andreaskreuze und Rauten. An den Kopfwinkelhölzern der Hofwand war zu erkennen, daß diese ursprünglich als offene Galeriewand ausgebildet war. Der Eckständer des ersten Obergeschosses war mit Schnitzereien geschmückt und zwar mit einem gedrehten Eckstab, der in Spiralen endete und flächiger Kerbschnitzerei. Ebenso waren die Zierknaggen unter dem zweiten Obergeschoß mit Schnitzwerk geschmückt. Die Dachgauben im Hof besaßen geschnitzte Eckständer und Wellgiebel mit Fächerrosetten.

Haus Silberberg, Fachwerk der Hofseite.

Salzhaus,

früher Zum Hohen Hompurg, Römerberg 27, wurde 1595 vom Weinhändler und späteren jüngeren Bürgermeister Andreas Koler errichtet und 1944 zerstört.

Das Gebäude galt in Deutschland ebenfalls als Besonderheit und als das schönste Haus der Frankfurter Altstadt. Das Erdgeschoß bestand wiederum aus diamantierten Sandsteinbögen, darüber folgten Fachwerkgeschosse, die ab dem zweiten Obergeschoß durchgehend außen bündig mit Holztafeln ausgefacht waren. Diese Holztafeln waren flächig geschnitzt, die Schnitzerei lief auch über die Fachwerkstäbe hinweg. Im ersten Obergeschoß waren die Holztafeln vorgehängt. Diesem Umstand ist es zu verdanken, daß die drei Tafeln mit den Darstellungen der vier Jahreszeiten sowie den Symbolen für Ehe und Kinder den Krieg überdauerten und an dem neuen Gebäude wieder angebracht werden konnten. Das rechts vom Salzhaus stehende Haus Wedel wurde bereits 1866 abgebrochen. Die Traufseite zum Haus Wedel war wahrscheinlich schon zur Entstehungszeit des Salzhauses verputzt und die Restflächen zwischen den Fenstern mit figürlicher Malerei in grau und rotbraun geschmückt. Ein ähnlich mit geschnitzten Holztafeln – allerdings nicht über die gesamte Fassade – versehenes Gebäude ist das 1615 in Straßburg erbaute und nach dem Dreißigjährigen Krieg nach Idstein im Taunus translozierte Haus Killinger.

Geschnitzte Holztafel mit dem Motiv des Herbstes, im ersten Obergeschoß des neuen Salzhauses eingebaut.

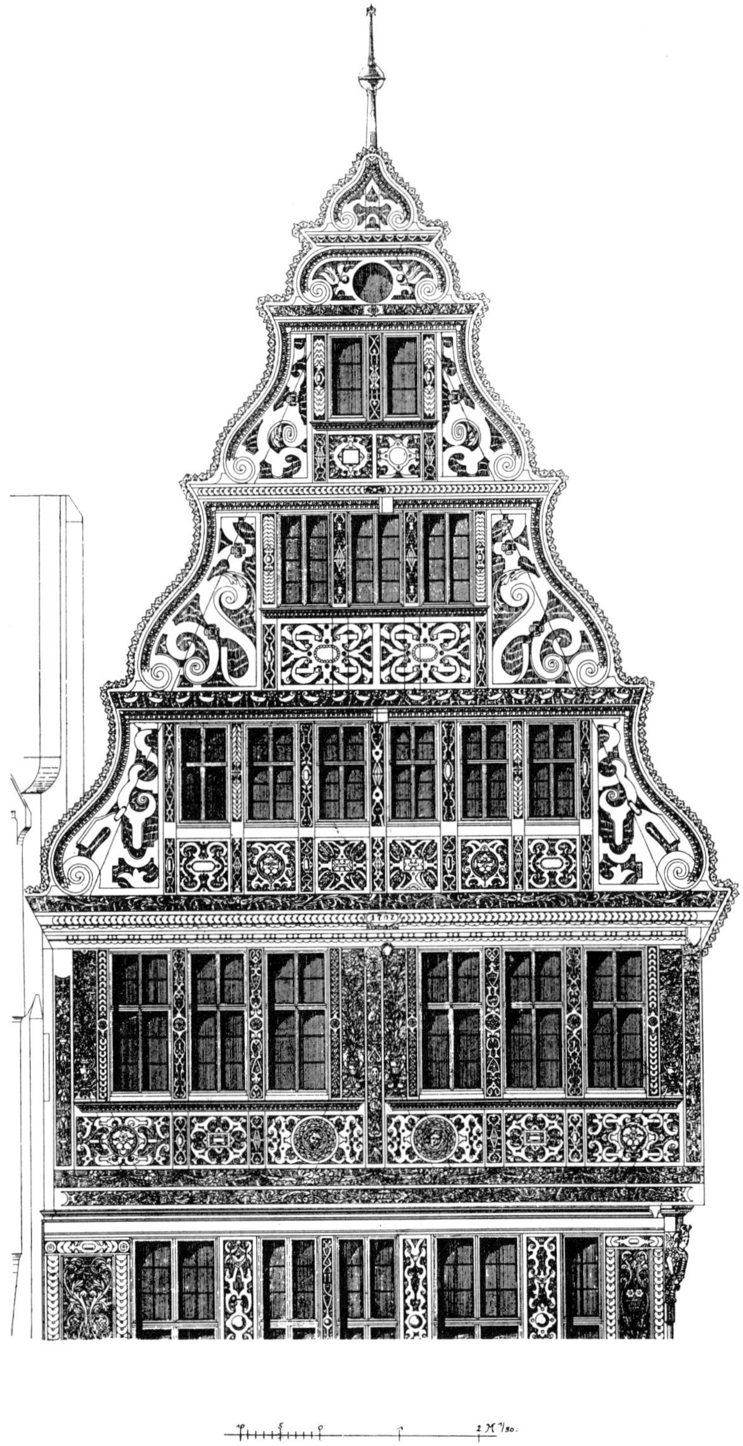

Salzhaus, zweites Obergeschoß und Giebel. ▲

Salzhaus, Ansicht von der Braubachstraße, Aufmaß 1920. ►

Steinkonsole unter dem Gratstichbalken am Haus Wertheim.

Haus Wertheim,

Am Fahrtor 1, wurde um 1600 errichtet, vor 1939 restauriert und ist praktisch das einzige erhaltene freiliegende Fachwerk der Frankfurter Altstadt.

Das Haus besitzt ein massives Erdgeschoß und zwei Fachwerkobergeschosse. Die sieben nach Osten und zwei nach Norden zeigenden Rundbogenarkaden sind wesentlich einfacher ausgeführt als die der übrigen hier geschilderten Gebäude. Im Ursprung umschlossen die Arkaden wahrscheinlich nur offene Handelsräume. Dieser Ursprungszustand mit zur Straße offenen Rundbogenarkaden ist für zahlreiche Gebäude jener Zeit anzunehmen. Der im Gegensatz zu den Arkaden auffallend geschmückte Kragstein des Hauses Wertheim ist demjenigen am Salzhaus nachgebildet. Die Tatsache, daß die Balkenköpfe nicht von profilierten Schalbrettern verhüllt wurden, läßt auf einen in seiner Gesamtheit sparsameren Bau schließen. Der reiche Brüstungsschmuck ist aus verschiedenen Elementen, wie Fußbändern, Feuerböcken, durchkreuzten Kreisen und durchkreuzten Rauten variiert. Die Variation der Schmuckglieder ergibt ein lebhaftes und reizvolles Bild. Die zahlreichen geschweiften Hölzer und der Besatz mit Nasen zeigen am Haus Wertheim deutlich – ebenso wie dies früher bei vielen anderen Häusern der Altstadt zu bemerken war – Beziehungen zum Fachwerk der Mittelrheinstädte.

Haus Wertheim, Ansicht und Schnitt nach einem Aufmaß aus dem Jahre 1946.
Aufmaß: Architekt Kopton

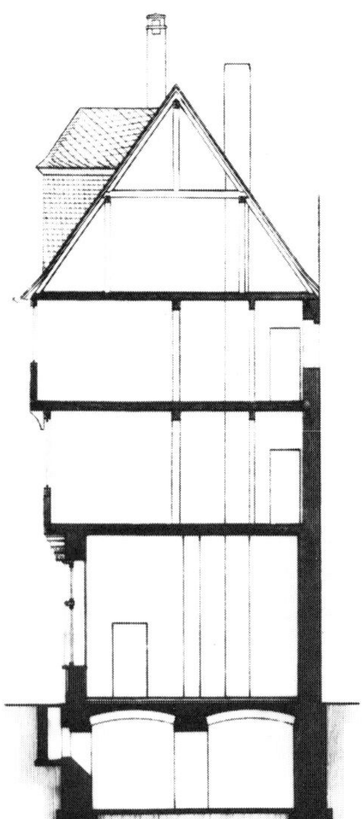

HAUS
WERTHEYM
SPEISERESTAURAN

Im Saalhof,

Am Fahrtor, wurde 1605 von einer patrizischen Ganerbschaft der Nordflügel als massiver Neubau errichtet, der ebenfalls 1944 zerstört wurde.

Dieser Bau trug zwei reizvolle Fachwerkdachaufbauten, ein dreigeschossig gegliedertes Zwerchhaus und einen zweigeschossigen Zwerchgiebel. Das Zwerchhaus trug im voll ausgebildeten Geschoß, zwischen mit halben Männern verstrebten Eckständern fünf Fenster, deren Brüstungen mit Feuerböcken, negativen Rauten und einem Feuerbock mit Rosette geschmückt waren. Der Giebel darüber war durch die Ausbildung von Ecken in den geschweiften Randbohlen und das waagrechte Durchziehen der Randzier von Ecke zu Ecke nochmals in zwei Geschosse geteilt. Am unteren Ende waren die Randbohlen jeweils zu einer Schnecke eingerollt und liefen dann zum Fußpunkt aus. Der Brüstungsschmuck wurde aus konkav gebogenen Rauten mit Nasen, Viertelkreishölzern, die von geraden Andreaskreuzen durchkreuzt wurden und einer Rosette im obersten Feld gebildet. Die stark verbreiterten Riegel rechts und links der Fenster trugen weitere Rosetten, und der Firstabschluß war ebenfalls in Form einer großen Rosette ausgebildet. Der kleinere Zwerchgiebel war im Prinzip gleich aufgebaut, die Zierglieder aber etwas einfacher gestaltet. Den Firstabschluß bildete eine Zwiebelform mit geschnitzter Muschel.

Saalhof, Fachwerkzwerchhaus.

Schwarzer Stern,

Römerberg 12, Hinter der Nicolaikirche, wurde um 1610 von der Patrizierfamilie Völcker erbaut und 1944 zerstört.

Das Erdgeschoß hatte nur eine Tiefe von 4 m, durch die starken Überhänge war das zweite Obergeschoß jedoch fast 6 m tief. Die Rundbogenarkaden des Erdgeschosses zeigten stark ausgebildet Zahnschnitt und Eierstab, das wesentliche Schmuckmotiv vieler Arkadenbögen; im übrigen waren die Sandsteine wieder diamantiert. Auf dem Massiverdgeschoß saßen zwei, durchgehend mit Fenstern aufgelöste, Fachwerkgeschosse. Die zahlreichen Fenster wurden angeordnet, um diese bei Kaiserkrönungen vermieten zu können. Die Brüstungen des ersten Obergeschosses waren mit von Andreaskreuzen durchkreuzten Rauten, im zweiten Obergeschoß mit von Andreaskreuzen durchkreuzten Kreisen und im dritten Obergeschoß mit Feuerböcken geschmückt. In kräftiger Kontur waren der geschweifte Giebel und die ebenfalls geschweiften Zwerchgiebel aufgesetzt. Deren Fachwerk war jedoch mit Schiefer verkleidet.

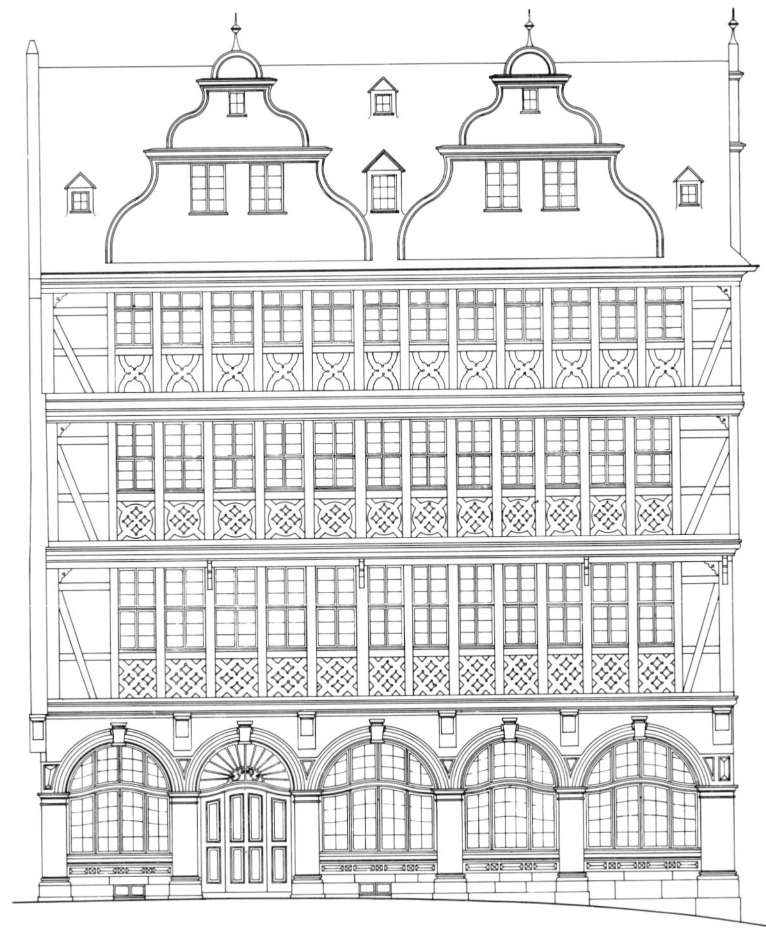

Schwarzer Stern, Nordfassade.

Haus Borngasse 15

wurde im 14. Jahrhundert als Vikariehaus St. Magdalenae ad Poenitentes genannt, 1614 als Backhaus neu errichtet und 1905 zum Bau der Braubachstraße abgebrochen.

Das unregelmäßige dreischiffige Haus besaß auf einem Massiverdgeschoß zwei Fachwerkgeschosse und darüber ein dreigeschossiges steiles Dach mit Nasengiebel. Die mit halben Männern ausgesteiften Eckständer waren rustikal mit Rankenwerk und Figurenschmuck versehen. Die Fensterbrüstungsfelder des ersten Obergeschosses besaßen je eine Kurzstrebe. Im zweiten Obergeschoß waren die Brüstungen mit Rauten von Andreaskreuzen durchkreuzt und zwei mit Nasen versehenen Fußbändern geschmückt. Auffallend war in diesem Geschoß ein hohes Andreaskreuz an der rechten Ecke zwischen Brüstungsriegel und Rähmholz ähnlich der Anordnung von Andreaskreuzen am Dalberghaus in Höchst.

Schwarzer Stern, im Ensemble des Römerbergs.

Haus Borngasse 15, um 1900.

Die Goldene Waage,

Höllgasse 13/Ecke Alter Markt 5, wurde 1619 von Abraham v. Hamel, einem niederländischen Zuckerbäckermeister an Stelle der beiden älteren Häuser Colmann und Zur Alten Hölle gebaut, 1890 restauriert, 1899 von der Stadt Frankfurt zur Einrichtung von Teilen des Historischen Museums gekauft und 1944 zerstört.

Das Erdgeschoß war massiv, die Arkadenbögen reich diamantiert, mit ebenso reich verzierten Konsolsteinen und einem Krageckstein ausgeführt. Darauf ruhten zwei Fachwerkgeschosse, ähnlich der Anordnung des Schwarzen Sterns, jedoch wegen der außen sichtbaren Zonung – durch das Herausstellen des Mannes im Giebel und zweier halber Männer im Mittelbereich der Traufseite des zweiten Obergeschosses – sowie Anordnung eines nur kleinen Zwerchhauses, besser gegliedert. Der erst 1899 wieder freigelegte Giebel war in drei weitere Geschosse geteilt. Auch der Fachwerkschmuck der Goldenen Waage war reichhaltiger als der des Schwarzen Sterns, sowohl in der Anordnung prächtiger Schnitzereien an den Eckständern als auch in der Ausgestaltung der Brüstungsfelder. Im ersten Obergeschoß waren diese mit von Andreaskreuzen durchkreuzten Rauten geschmückt, im zweiten Obergeschoß und im Dachgeschoß waren es von Andreaskreuzen durchkreuzte Kreise, im zweiten Dachgeschoß konkav gebogene Rauten, die von Andreaskreuzen durchkreuzt waren, und im Spitzgiebel zwei Viertelkreisbogen. Das Gebäude hatte im hinteren Bereich als Dachaufbau eine Dachlaube, das sogenannte Belvederche. V. Hamel brauchte mehrere Anläufe, bis sein Bauvorhaben genehmigt wurde und mußte nach Beendigung des Baus über Jahre mit seinen Nachbarn prozessieren: Man hatte ihm sein auffälliges und reich geschmücktes Haus verübelt.

Neben dem Großen Engel und dem Salzhaus wird die Goldene Waage als das bedeutendste Fachwerk, das Frankfurt hervorbrachte, angesehen.

Mit den Bauten Schwarzer Stern, Haus Wertheim und Goldene Waage war eine gelungene Synthese der ungegliederten Reihung niedersächsischer Fachwerke einerseits und dem ausgeprägtem Bundsystem alemannischer und fränkischer Fachwerke mit starkem rheinischen Einfluß der Ausschmückung andererseits geglückt.

Inzwischen hatte der 30jährige Krieg begonnen, die Bautätigkeit wurde abrupt unterbrochen. Für Frankfurt bedeutete dies praktisch das Ende der großen Fachwerkzeit. Um 1700 entstanden keine annähernd so bedeutenden Fachwerke wie um 1600.

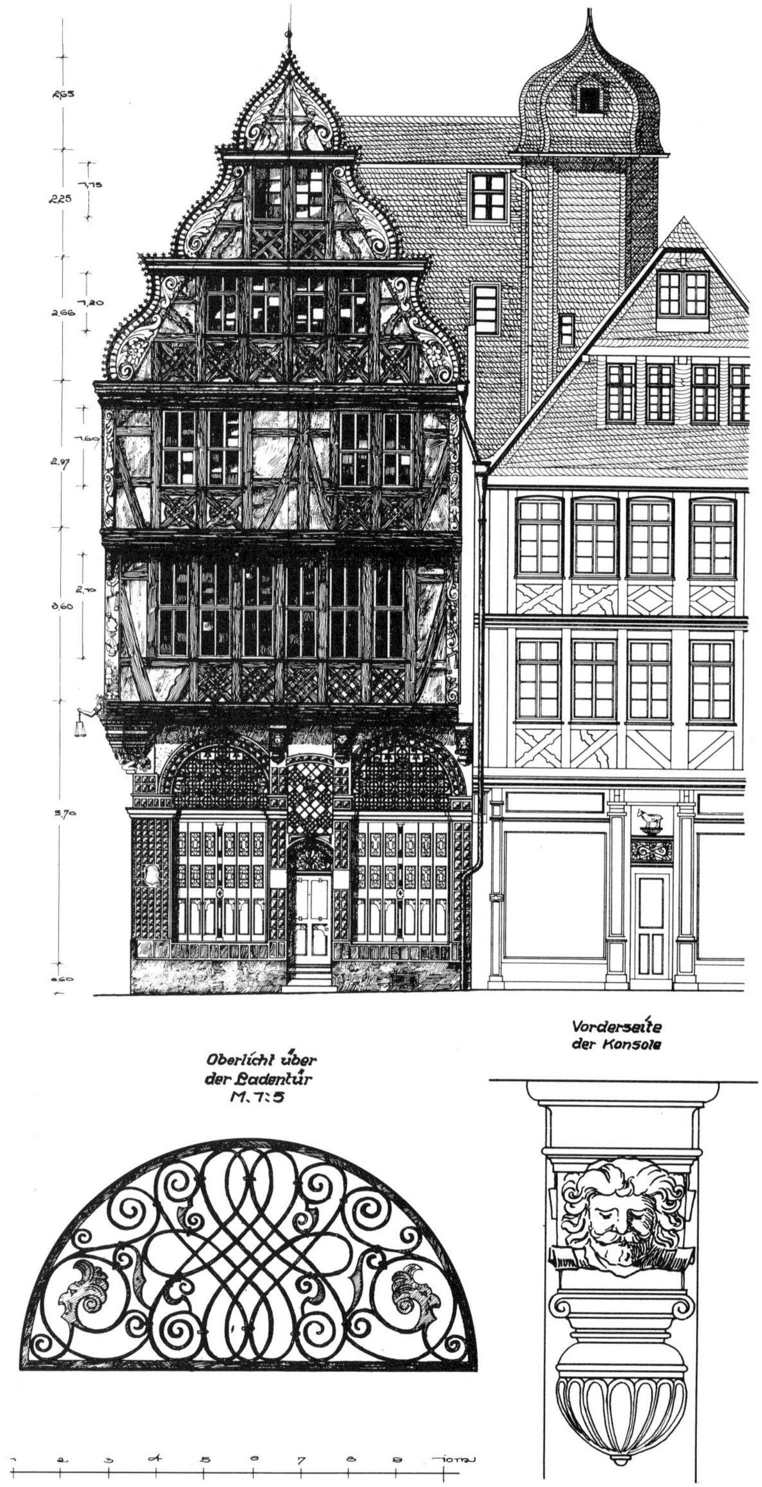

Ansichten des Hauses Zur Goldenen Waage nach einer Maßaufnahme aus dem Jahre 1921.

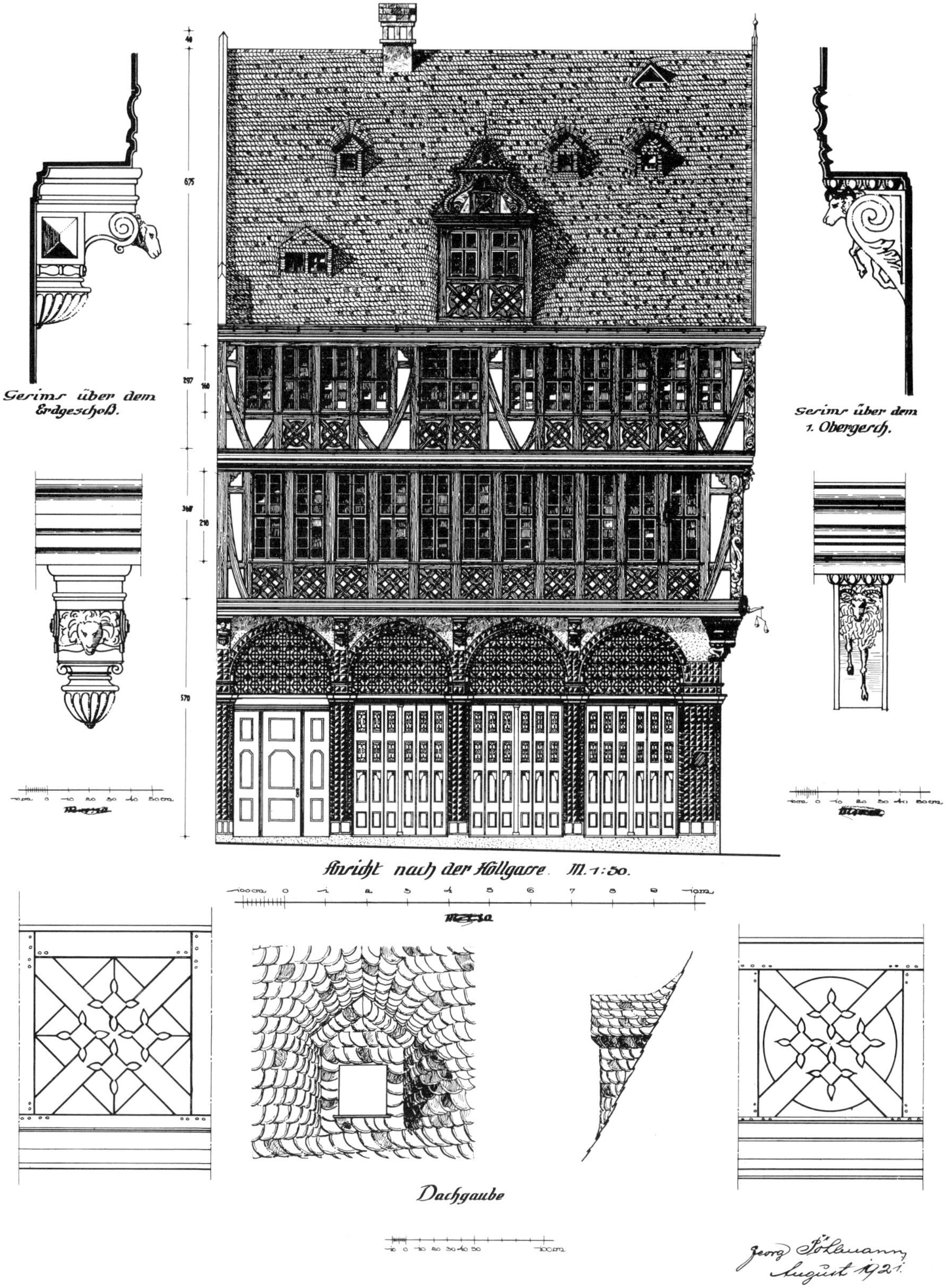
Gesims über dem Erdgeschoß.
Gesims über dem 1. Obergesch.
Ansicht nach der Höllgasse. M. 1:50.
Dachgaube
Georg Pöhlmann August 1921.

Haus Goldene Waage vor und nach der Fachwerkfreilegung.

Haus Heidentanz,

Große Schüppengasse 6, später Bethmannstraße 20, wurde Ende des 17. Jahrhunderts errichtet und 1938 abgebrochen.

Das dreiseitig freistehende Gebäude besaß ein Steinerdgeschoß, welches nur noch in kleinem Umfang in Bogenstellungen aufgelöst war. Auf dem Erdgeschoß saßen zwei kräftig auskragende Fachwerkgeschosse und darüber ein in drei Geschosse geteiltes Dach mit einem Zwerchgiebel, der fast Giebelgröße erreichte. Giebel und Zwerchgiebel waren einfach geschweift und ganz verschiefert. Die Stellung der Bundständer in der Giebelfassade zeigte die Dreischiffigkeit des Gebäudes. Die Eck- und Bundständer hatte man mit sehr hohen Fußstreben und kleinen Kopfwinkelhölzern ausgesteift. Die Brüstungsfelder unter den Fenstern – bis auf die Eckfelder – des ersten Obergeschosses waren mit negativen Rauten, die des zweiten Obergeschosses mit geraden, von Andreaskreuzen durchkreuzten Rauten ausgefüllt. Deutlich spürbar war der starke Rückgang von Schmuck- und Formenreichtum gegenüber den Fachwerken um 1600, zum andern die Gewandtheit, mit welcher die Zimmermeister mit Konstruktions- und Schmuckhölzern umgehen und variieren konnten. Dies zeigte zum Beispiel die Gliederung des, durch den nach einer Seite verlagerten Mittelgang, asymmetrischen Giebels.

Die nach 1700 gebauten barocken Fachwerkhäuser, wie das Pesthaus am Fünffingerplätzchen, das Haus Große Weinrebe in der Töngesgasse 61 und das Haus Feigenbaum in der Schnurgasse 32 zeigten den fortlaufenden Verfall der Fachwerkkunst. Die Schmuckmotive wurden einfacher, zum Teil waren es nur noch Kurzstreben und einfache Andreaskreuze, die zudem wieder aussteifende Funktionen erhielten, da man auf wandhohe Verstrebungen verzichtete. Die Geschoßvorsprünge wurden geringer und fielen schließlich ganz weg. Zur Horizontalaussteifung verzimmerte man – wenn überhaupt hohe Verstrebungen angeordnet wurden – Streben zwischen Schwelle und Rähm ohne Kopfwinkelhölzer. Beispiele dieses Haustyps sind die Häuser Bolongarostraße 157 und Allmeygang 2 in Höchst a. M.

Haus Heidentanz nach der Altstadtaufnahme im Jahre 1938.
Aufmaß: Architekt Mehs.

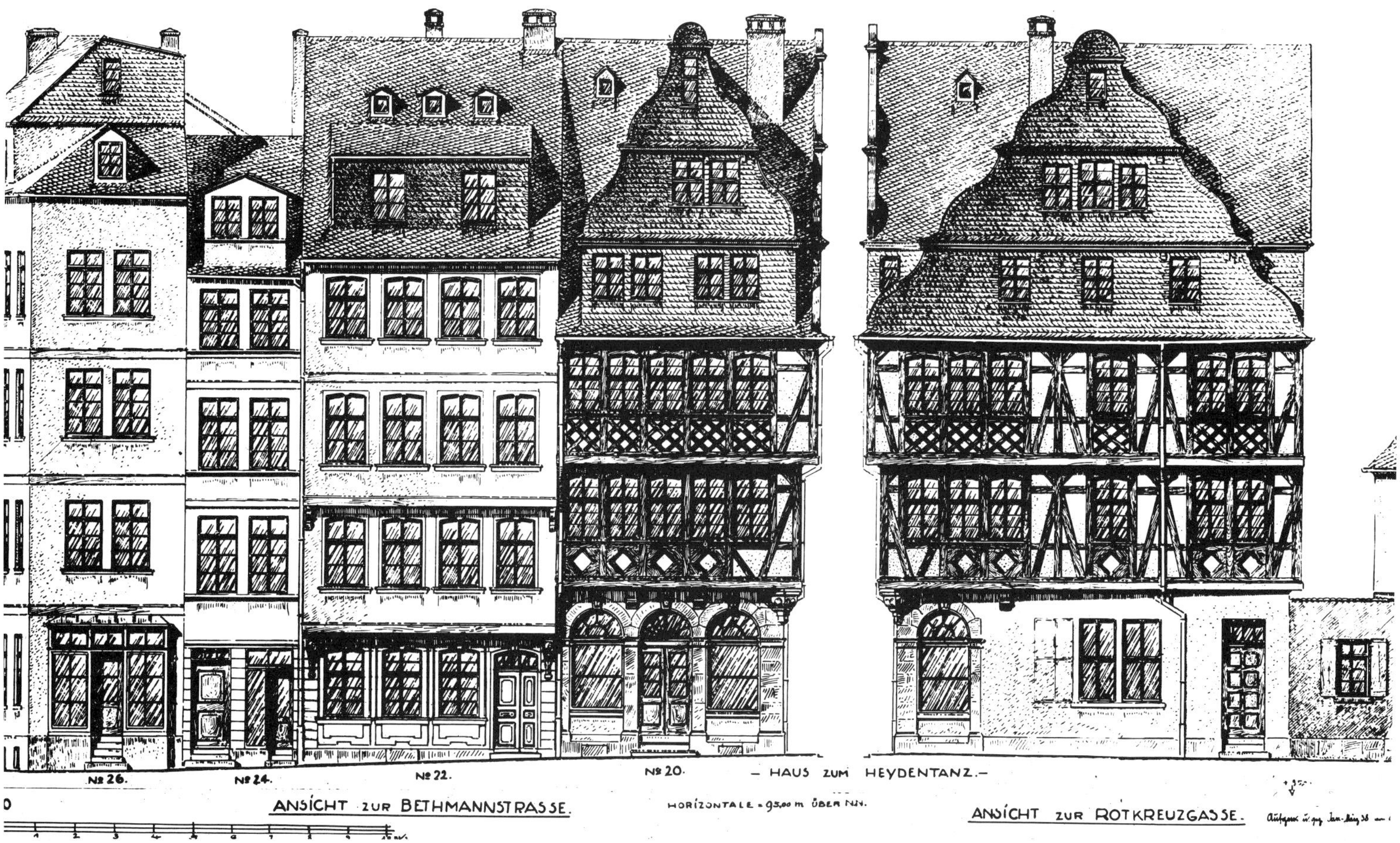

Einfahrt

II. Fachwerk in den Frankfurter Stadtteilen (Vororten) von der Spätgotik bis heute

Die Fachwerke in den Frankfurter Vororten entstanden ausnahmslos zu einer Zeit, da diese Vororte noch selbständige Städte, wie Höchst und Bergen, zu anderen Herrschaften gehörende Dörfer oder zu Frankfurt gehörende Dörfer, wie Bonames, Niedererlenbach und eine Hälfte Niederursels, waren. Auf der Basis eines städtischen Gemeindewesens, Zünften oder Meisterdynastien waren also für die Fachwerke der Vororte keine Gemeinsamkeiten gegeben. Wegen der räumlichen Nähe wiederum sind die konstruktiven Unterschiede jedoch gering. Bedeutende Abweichungen erkennt man in den Schmuckformen, nicht nur wegen wohlhabender oder weniger begüterten Dorfbewohnern, sondern wegen der herausragenden Einflüsse aus dem Rheintal mit spielerisch leichten und geschwungenen Formen und den herberen Einflüssen aus der Wetterau. Oft finden sich beide Stilarten zu gleicher Zeit am selben Ort, wie das 1716 gebaute Frankfurter Rathaus und das 1718 errichtete Solms-Rödelheimer Rathaus in Niederursel zeigen.

Innerhalb der Stilrichtung des hessisch-fränkischen Fachwerks entstanden in den frühen Phasen der Übergangszeit bereits konstruktiv bedeutende Bauten in den heutigen Vororten Frankfurts. Auffallend ist aber auch, daß andererseits eine veraltete Konstruktion – die Verwendung von Schwellriegeln statt durchgehender Schwellen - nicht nur in Einzelfällen, sondern vielfach bis ins 19. Jh. gebraucht wurde, während in anderen Gegenden Deutschlands diese Konstruktionsart wegen ihrer Mängel bereits im 15. Jh. durch Bauordnungen untersagt wurde.

Die Holzstäbe in den Fachwerken der Frankfurter Vororte sind durchgehend gut dimensioniert, wobei weite Abweichungen nach unten oder oben nur selten vorkommen. Selbst bei Schmuckfachwerken ist die Anordnung der Hölzer im großen und ganzen sparsam. Alle besseren Häuser wurden ganz aus Eichenholz errichtet. Bei vielen einfachen Häusern wurden Schwellen und Rähmhölzer aus Weichholz, Tanne oder Fichte, gearbeitet, weil Eiche nur in ungenügenden Mengen vorhanden war. Eine ganze Reihe Bauten wurde vollständig aus Weichhölzern hergestellt.

Die Hausgrundrisse sind, insbesondere im Vergleich zu außerhessischen Landschaften, relativ klein: Giebelbreiten zwischen fünf und acht Metern, nur bei herausragenden Bauten breiter, und Hauslängen zwischen acht und vierzehn Meter. Die Grundrißgestaltung ist durch das innere Hausgerüst, im Normfall zwei aussteifende und tragende Querwände, sowie einen Mittellängsunterzug, der von diesen Quer- und den Giebelwänden abgetragen wird, vorgegeben.

Nach einer Schätzung gab es Anfang 1979 noch dreieinhalb bis viertausend Fachwerke in den Frankfurter Vororten. Davon waren um 1975 etwa einhundert freigelegt und konnten demnach als Fachwerk überhaupt optisch wahrgenommen werden. Bis Anfang 1979 konnte die Zahl freiliegender Fachwerke auf über zweihundert erhöht werden. Praktisch alle Frankfurter Vororte weisen noch Fachwerkbauten auf, die Bestände sind jedoch sehr unterschiedlich. So präsentieren sich einige Vororte mit zahlreichen freigelegten Fachwerken bereits als ausgesprochene Fachwerkdörfer bzw. Fachwerkstädte, es gehören hierzu Höchst, Bergen, Seckbach und Niederursel. Andere Vororte wie Unterliederbach, Schwanheim, Enkheim und Niedererlenbach könnten durch weitere Fachwerkfreilegungen wieder als Fachwerkdörfer dargestellt werden, in einigen Vororten sind die Fachwerkbestände jedoch schon weitgehend dezimiert und kaum ein Haus ist noch als Sichtfachwerk zu erkennen, dazu gehören Nied, Berkersheim und Hausen.

Bockenheim, Bockenheimer Warte,

am Ende der Bockenheimer Landstraße.

Die Warte wurde von der Stadt Frankfurt in einem System von Wachtürmen zur Verstärkung der die Stadt umgebenden Landwehr 1434/35 errichtet. Sie gehört heute zum Stadtteil Bockenheim. Auf dem massiven runden Turmschaft steht ein eingeschossiges, achteckiges Fachwerkgeschoß, das nach der Strebenanordnung um 1500 entstanden ist. Jeder Eckständer ist durch zwei wandhohe Fußstreben und zwei vom Brüstungsriegel bis zum Rähm reichende Kopfstreben ausgesteift. Durch die Anordnung je eines Mittelstiels mit je einem Fenster nach beiden Seiten und Fenstersturzriegeln, die bis zu den Kopfstreben reichen, wird ein fein und gleichmäßig gegliedertes Fachwerkbild erreicht, das der Warte einen besonderen Maßstab verleiht. Das Fachwerkgeschoß trägt ein steiles oktogonales Zeltdach mit vier Gauben.

Höchst, Haus Zum Anker,

Bolongarostraße 173.

Das Vorderhaus wurde nach dendrochronologischer Datierung 1481 errichtet. Verschiedene Indizien deuten daraufhin, daß das Gebäude als Bierbrauerei geplant und genutzt wurde. Im 17. Jh. wurde es urkundlich als Brauerei und Gaststätte erwähnt. Um 1700 erhielt das Haus einen Anbau mit Giebel zum Schloßplatz. Mitte des 19. Jh. wurde das Erdgeschoß für eine Eisenwarenhandlung vollständig umgebaut und mit Stahlträgern sowie Gußstahlstützen unterfangen. Nach einem Brand im Jahre 1973, der den Dachstuhl größtenteils vernichtete, sollte das Haus 1975 saniert werden. Die ursprüngliche Konstruktion war jedoch nur noch fragmentarisch vorhanden und die Restsubstanz so stark von pflanzlichen und tierischen Schädlingen angegriffen, daß Einsturz drohte. Das Gebäude wurde deshalb vorsichtig abgetragen und nach entsprechenden Rekonstruktionsplänen wurden die Fachwerkwände aus Originalhölzern in das neue Haus eingebaut.

Bei ca. 2800 Kubikmeter Rauminhalt war das Gebäude 1481 das größte Bürgerhaus in Höchst; mit dem Anbau um 1700 wurde das Gesamtvolumen auf 3100 Kubikmeter erweitert. Insgesamt waren nach dieser Erweiterung etwa 140 Kubikmeter Holz in Form von rund 4200 lfdm Abbund verbaut.

Errichtet wurden Brauerei und Wirtshaus in der ersten großen Bauphase nach der Verleihung der Stadtrechte, also in einer Zeit progressiven Anwachsens der Stadt Höchst, an der Durchgangsstraße von Mainz nach Frankfurt in der Nähe des alten Untertores, aber schon außerhalb der älteren Stadtbefestigung. Die Wed, eine platzartige Straßenerweiterung mit dem Brandweiher, wurde optisch von der Fassade des Ankers beherrscht. Die Bedeutung des spätgotischen Hauses wurde durch die vorbildliche Konstruktion und Ausführung des Fachwerks unterstrichen. Über zwei hohen Kellertonnengewölben war das Erdgeschoß aus 40/40 cm starken Eichenständern aufgerichtet, der Mittelunterzug ruhte auf einem achteckigen Eichenständer 50/50 cm mit vier halbgeschoßhohen gebogenen Bügen. Den größten Teil des Erdgeschosses nahm im Ursprungszustand eine Halle ein, die wahrscheinlich nach der Bolongarostraße hin offen bzw. nur mit Läden verschließbar war. Für diese Annahme spricht die Tatsache, daß an den Erdgeschoßständern zur Bolongarostraße keine Anzeichen von Holzverbindungen füllenden Fachwerks zu erkennen waren. Auf den Ständern lag ein kräftiger Rähm, auf dem wiederum die Balkenlage kreuzförmig aufgekämmt war.

Am Westgiebel waren Stichbalken mit zwei Gratstichen angeordnet. Die Geschoßüberkragung betrug nur etwa 20–30 cm. Auf der Balkenlage ruhte in sich abgeschlossen und stockwerksweise abgebunden das Fachwerk des ersten Obergeschosses. Stockschwelle und Rähm bestanden konstruktionsbedingt zum Teil aus Nadelhölzern, alle anderen Teile aus Eichenholz.

Nach dem Rekonstruktionsplan war das Gebäude vierzonig geteilt, dabei waren die Eck- und Bundständer wesentlich stärker als die Wandständer. Abgestrebt waren die Wände durch jeweils ein wandhohes ge-

Haus „Zum Anker“, Aufmaß des Zustandes im März 1975.
Aufmaß: Architekt Gerd Laun.

Rekonstruktion des ursprünglichen Fachwerkbildes in der Fassade. Das Erdgeschoß war nicht gemauert, sondern bestand aus schweren Eichenständern. Rekonstruktion: Referat für Denkmalpflege der Stadt Frankfurt, Architekt M. Gerner.

Das besterhaltene Wandstück mit guten Farbbefunden aus dem späten 15. Jahrhundert.

Anlegen der rekonstruierten Wand aus Originalhölzern auf dem Zimmerplatz.

Die neu aufgeschlagene Wand, eingesetzt zwischen Betondecken.

bogenes Fußstrebenpaar und zwei gebogene Kopfstreben pro Bund- oder Eckständer. Die viertelkreisförmigen Fußwinkelhölzer und die Knaggen an den Eck- und Bundständern hatten mehr Bedeutung als Zierrat denn konstruktiv, da die Verstrebung mittels der wandhohen Streben und die Verriegelung durch Aufkämmen statisch ausreichend waren. Das zweite Obergeschoß war in gleicher Weise aufgestockt, darüber folgte ein mehr als 7 m hohes steiles Schieferdach mit kleinen Gauben.

Der klare stockwerksweise abgebundene Rähmbau mit der, durch die Betonung der Bundständer, eindeutigen Gliederung, den Fachwerkfiguren aus Ständern, Fuß- und Kopfstreben, einer Vorform der Mannfiguren und technisch raffinierten Details, wie kreuzförmige Verkämmung der Balken, ausgeklinkte Eckständer mit Eckzapfen, Gratstichbalken sowie feinen Fensterkonstruktionen mit stark profilierten Mittelstielen war richtungsweisend.

Obwohl das Gebäude zu Beginn der sogenannten Übergangszeit errichtet wurde, ist das nur sparsam gegliederte mittelalterliche Fachwerk mit einzeln verstrebten Ständern mit dieser Fachwerkkonstruktion überwunden.

Der Anbau zeigte in einem rasterhaften Aufbau des Giebels mit zwei Riegelketten, dreiviertelgeschoßhohen Streben und geschweiften Zierstreben in Brüstungsfeldern rheinischen Einfluß, der ab 1600 bei vielen Höchster Fachwerkbauten nachweisbar ist.

Die als Befund gesicherte ursprüngliche Farbigkeit des Hauses: blutfarbene Hölzer, kalkweiße Gefache mit Grau und Schwarz abgesetzt, wurde nach der Neuerrichtung wieder hergestellt.

Dreimal das Haus „Zum Anker“: Während des Niederlegens des Altbaus; nach dem Wiederaufbau als Massivgebäude mit eingestellten Fachwerkwänden und nach der Fertigstellung.

Bergen, Rathaus,

Marktstraße.

Das Gebäude wurde in der ersten Hälfte des 14. Jh. errichtet und als „spilhus" bezeugt. Zwischen 1520 und 1530 wurde es als Rathaus umgebaut und erhielt dabei die Fachwerkaufstockung. Der barocke Dachreiter wurde 1704 im Rahmen von Umbaumaßnahmen aufgesetzt. Das für die Übergangszeit typische spätgotische Fachwerk hat eine elegante Strebenanordnung mit steilen, leicht konvex gebogenen Fußstrebenpaaren und halbgeschoßhohen Gegenstreben aus geraden Hölzern. Die Brüstungsriegel sind teilweise noch über mehrere Ständer durchgehend diesen aufgeblattet. In der Mitte des östlichen, freiliegenden Giebels ist die Strebenanordnung geschoßübergreifend zu einem Fachwerkbild komponiert, das jedoch durch Uhr und Erker gestört wird. Der fünfseitige Erker am Ostgiebel ruht auf vier schlanken, geschwungenen Bügen, deren Kräfte von einem Kragstein in der Massivwand des Erdgeschosses aufgenommen werden. Im zweiten Obergeschoß des Giebels ist die ursprüngliche Fenstergröße und -anordnung abzulesen. Die Fachwerkkonstruktion ist ausgereift, sowohl das Bundsystem als auch die Zonung (die außen an den Bundständern ablesbare innere Teilung des Hauses) sind deutlich ausgeprägt. Die Balkenlage mit Stich- und Gratstichbalken ist bereits in der bis heute nicht mehr veränderten Technik ausgeführt.

Rathaus Bergen, Süd- und Westseite, Aufmaß: J. Vogeler und weitere Studenten.

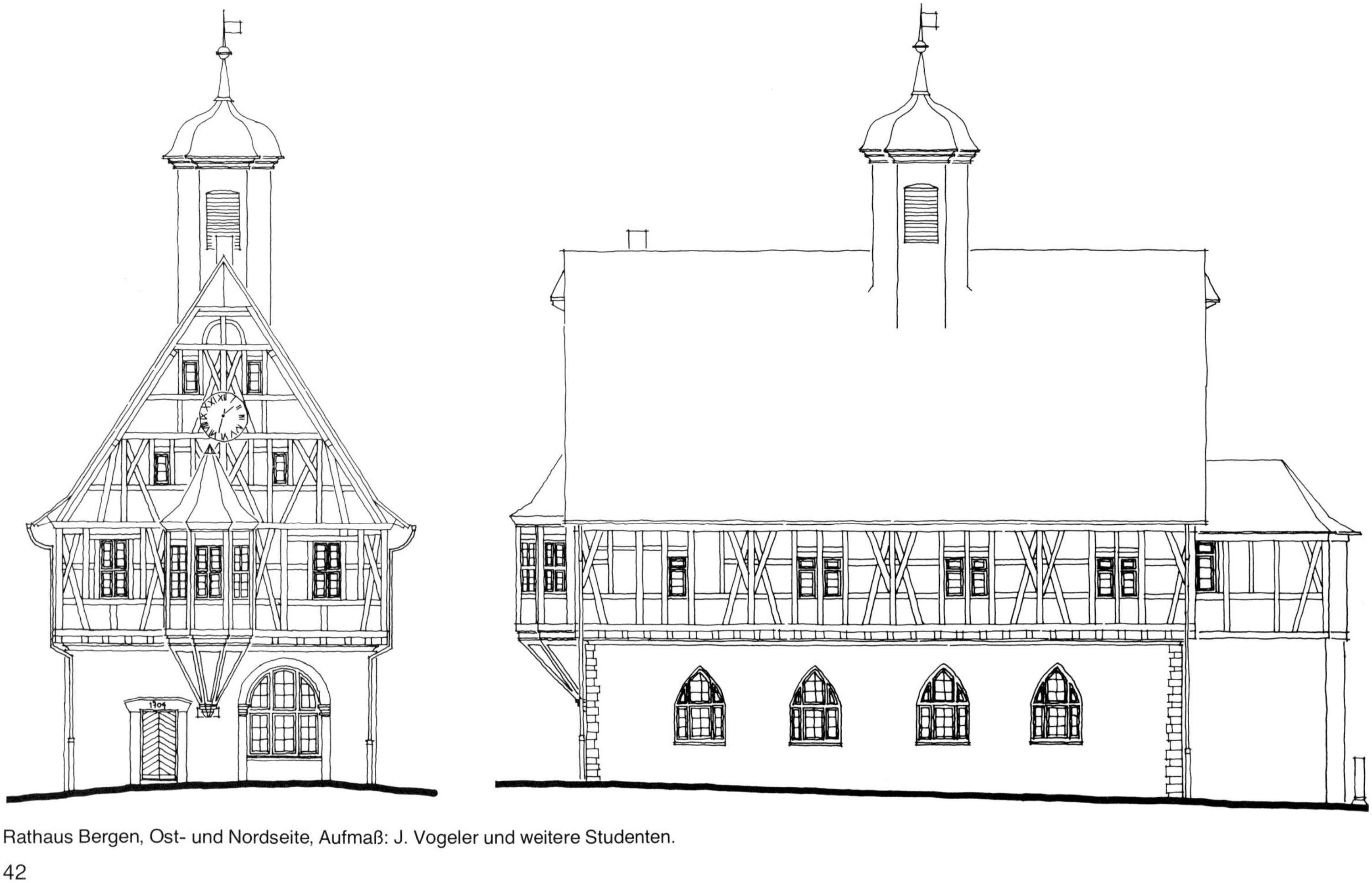

Rathaus Bergen, Ost- und Nordseite, Aufmaß: J. Vogeler und weitere Studenten.

20 km
Stadtschänk

Seckbach, Rathaus,

Hofhausstraße 2.

Das Rathaus wurde 1542 errichtet und hat als ein spätes Gebäude aus der Übergangszeit Parallelen zum einige Jahre früher errichteten Berger Rathaus. Die bewegte Baugeschichte des Hauses ist aus dem Umstand ablesbar, daß heute nur noch das Fachwerk des ersten Obergeschosses original aus der Bauzeit erhalten ist. Ähnlich wie beim Berger Rathaus fallen die schlanken leicht gebogenen Strebenpaare an Eck- und Bundständern auf. Bis auf die Überblattung der Streben sind alle Holzverbindungen in den Wänden verzapft. An der linken Traufenwand und dem rückseitigen Giebel wurden die Strebenanordnungen durch nachträglich eingebaute Fenster gestört. Die Eckständer reichen bis auf die Gratstichbalken, d.h. die Schwellen sind als Schwellriegel in die Eckständer gezapft. In den Jahren 1688 und 1767 wurde das Gebäude weitgehend umgebaut. Beide Jahreszahlen finden sich in der linken Traufenwand, 1688 in einem Sandstein der Wand, 1767 im Scheitel des Sandsteinbogens. Zu diesen Umbauten zählen der Anbau bzw. die völlige Umgestaltung des fünfeckigen Erkers mit Bügenunterstützung und Welscher Haube, die Untermauerung des Erdgeschosses, zumindest Umgestaltung dieser Untermauerung und der kleine Glockenstuhl auf dem First. Das Fachwerk des Giebeldreiecks wurde in den letzten Jahrzehnten nach Zerstörungen vereinfacht erneuert. Insgesamt fügen sich die Bauteile verschiedener Jahrhunderte so harmonisch zusammen, daß die Veränderungen erst bei näherer Betrachtung ins Auge fallen.

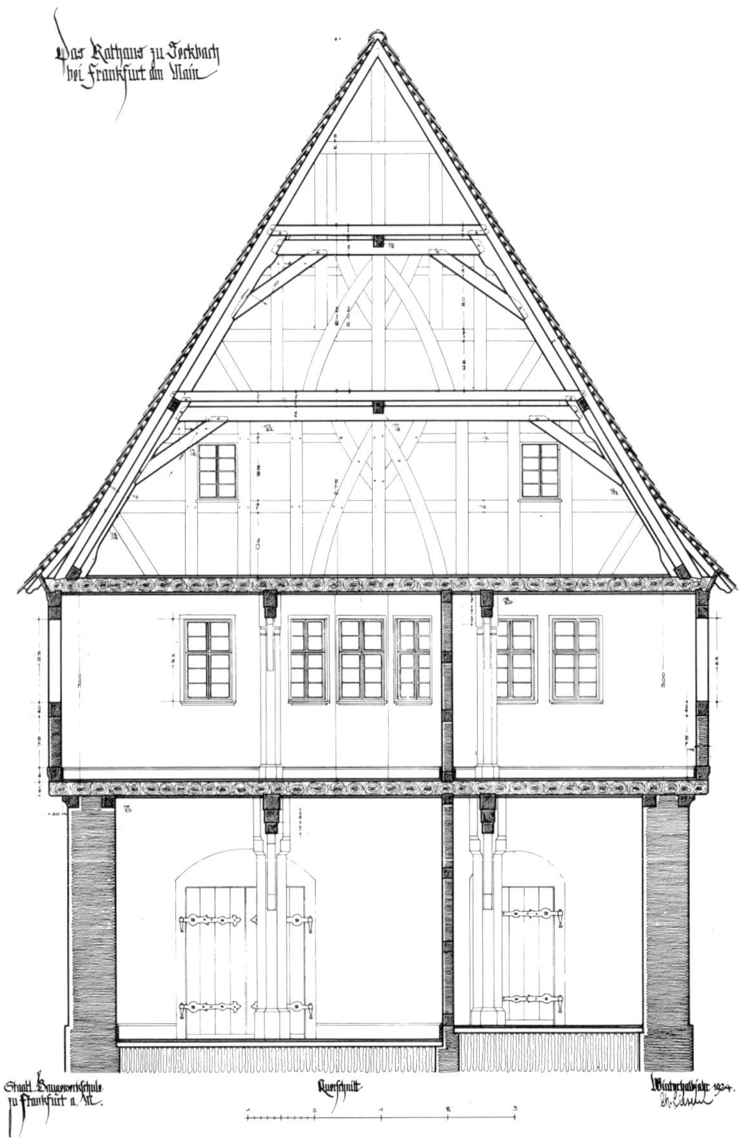

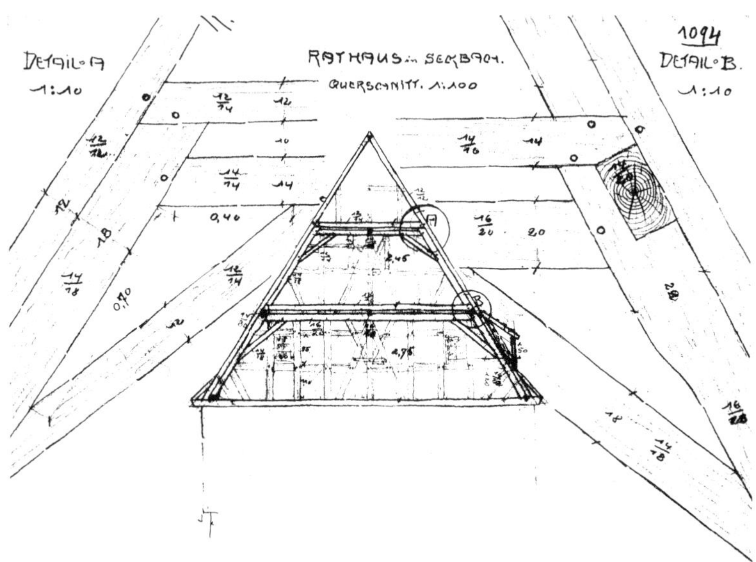

Querschnitt Rathaus Seckbach, Aufmaß: Baugewerbeschule, heute Fachhochschule Frankfurt, 1924. Rechts Aufmaßskizze.

Seckbacher Rathaus im verputzten Zustand 1907 und freigelegt im Jahre 1977. Das Giebelfachwerk wurde teilweise erneuert.

19-27
Alt Niederursel
2-20
22-28
Einbahnstraße
Anlieger
frei

Niederursel,

Alt-Niederursel 20.

Das Gebäude wurde nach dem Ergebnis einer dendrochronologischen Untersuchung 1581 auf einem hohen Kellergewölbe errichtet. Wahrscheinlich überstand dieses Haus als einziges die vernichtenden Brände in den Jahren 1603, 1628, 1635 und 1675 und muß heute als ältestes Gebäude Niederursels angesehen werden. Das ursprüngliche Fachwerkerdgeschoß wurde in mehreren Bauphasen durch Ausmauerung ersetzt.

Im 19. Jh. erhielt der straßenseitige Giebel im ersten Obergeschoß einen Holzschindelschirm und im Giebeldreieck rautenförmige Verschieferung sowie einen Ladeneinbau im Erdgeschoß. Dabei wurde durch Fenstereinbauten das Fachwerkgefüge erheblich gestört, das Haus insgesamt zu einem unscheinbaren Bau herabgewürdigt. Durch Anbauten im Hof war die Wirkung des Erkers stark beeinträchtigt. Bautechnisch hatten die Anbauten mit zu den erheblichen Schäden beigetragen. 1977 wurde der Ladeneinbau, die Anbauten, der Schindelschirm und die Verschieferung wieder entfernt, das Gebäude grundlegend saniert und die fehlenden Fachwerkteile rekonstruiert. Das Fachwerkbild mit den bis zu 40 cm starken, konkav gebogenen Streben zeigt Einflüsse aus Oberhessen. Es sind keine Schmuckhölzer angeordnet, ebenso ist die Mannfigur, obwohl schon zwanzig Jahre früher in Hessen bekannt, noch nicht ausgeführt, sondern eine Vorform des Mannes. Das Strebenbild des Giebels wird charakterisiert durch starke Eichenhölzer und die Bündelung der Streben zu mächtigen, aufsteigenden Formen. Zusätzlicher Schmuck sind drei Flachreliefrosetten jeweils an den Stoßpunkten von Streben und Ständern und ornamentiertes Schnitzwerk an den Eckständern. In den für die Gestaltung des Gebäudes weniger bedeutungsvollen Traufwänden sind Ständer und Streben schwächer und einfacher gearbeitet. Besonderen Reiz erhält das Gebäude durch den hofseitigen, den Eingang schützenden, Erker. Dieser Wanderker wird über ein eingehälstes Gebälk von nur einer sechseckigen, sauber ausgearbeiteten Eichensäule auf einen runden Sandsteinsockel abgetragen.

Giebel Alt-Niederursel 20 vor der Freilegung und Sanierung mit Schindel- und Schieferschirm; unten: derselbe Giebel während der Freilegungs- und Neuausmauerungsarbeiten.

Höchst, Dalberghaus

Bolongarostraße 186.

Die beiden Untergeschosse des Dalberghauses wurden um 1582 als Massivbau errichtet. Nach dem großen Brand am 10. 12. 1586 wurde im Winter 1586/87 das zweite Obergeschoß als Fachwerk und das Dach neu gerichtet. Die Datierung des Fachwerks und der Dachkonstruktion konnte durch ein dendrochronologisches Gutachten erhärtet werden. Rund zweihundert Jahre diente das Dalberghaus den Amtleuten der Mainzer Kurfürsten als Amtssitz. Danach wurde das Haus zu Wohnzwecken genutzt, um 1900 kamen im Erdgeschoß einige Kleinbetriebe hinzu. Ende der sechziger Jahre wurde das Gebäude geräumt und 1970 der Abriß erwogen. 1975 begannen die Sanierungsarbeiten und Ende 1977 bezog die Höchster Porzellanmanufaktur das fertig sanierte Dalberghaus.

Die Dimensionen des Hauses weisen auf die frühere Bedeutung des Gebäudes hin: etwa 12 m Breite, 26,5 m Länge, die Höhe von der Straße bis zum First etwa 20 m bei einem Gesamtvolumen von mehr als 5 000 Kubikmetern. Bei der Errichtung des Gebäudes legte man offensichtlich großen Wert auf Solidität und technische Qualität, davon zeugen viele Bauglieder und Details. Der Keller besteht aus Ziegelgewölben und Bruchsteinumfassungswänden. Ebenso besteht das aufgehende Mauerwerk der beiden Massivgeschosse aus Bruchsteinen mit Eckverquaderung aus behauenen Sandsteinen. Die Decken wurden als Querbalkenlagen mit zwei Unterstützungen in Form von tragenden Wänden bzw. Unterzügen ausgebildet. Es ergab sich daraus eine Dreischiffigkeit des Gebäudes, die im Erdgeschoß und im zweiten Obergeschoß durch zwei große Hallen unterbrochen wurde.

Das zweite Obergeschoß wurde ganz in Fachwerk, vierzonig, ausgeführt. Am erkerartigen Vorbau der Traufenwand war das Fachwerk noch Original und ohne Störung erhalten. Auffallend sind die großen Feldbreiten und damit die weiten Ständerstellungen. Jeder Ständer ist mit einem ganzen bzw. halben Mann abgestrebt. Die Brüstungsriegel sind in Einzelstücken zwischen den stehenden Hölzern eingezapft, die Halsriegel laufen von Ständer zu Ständer durch und die hohen stehenden Andreaskreuze sind an die Halsriegel angeblattet. Die Fenster sind in Zweiergruppen angeordnet. Das Brüstungsfeld jeweils zweier Fenster war mit einer ornamental geschnitzten Bohlenausfachung versehen. Unter den einfachen Andreaskreuzen im oberen Bereich befinden sich in der Brüstung teilweise geschweifte Feuerböcke bzw. Flechtwerke aus einer mit einem Andreaskreuz durchkreuzten Raute. Der Eckständer des Vorbaus an der Bolongarostraße ist als einziger Ständer mit ornamentaler Schnitzerei geschmückt. Die Konstruktion des Fachwerks weist besonders wegen der weiten Ständerstellung auf Stilverwandschaft mit Süddeutschland, während im Schmuckwerk wieder rheinische Elemente vorhanden sind. Das Balkenwerk zeigt bis ins kleinste Detail außerordentlich qualitätvolle Arbeit. Die fensterumrahmenden Holzteile waren in einer feinen Profilierung aufgelöst. Alle Holzverbindungen wurden in der technisch besten bekannten Lösung ausgeführt, die Schwellenlängsstöße z. B. mit einem langen Zapfen. Auch das starke Gesims, früher aus massiver Eiche wie das gesamte Fachwerk, war kunstvoll profiliert. Im Rahmen der Sanierungsarbeiten erhielt das Gebäude im Innern Unterzüge und Stützen aus Stahl. Das Fachwerk der Gebäudelängsseite zur Stadtmauer hin und der Nordwand war nur noch sehr bruchstückhaft vorhanden und wurde weitgehend mit Weichholzfachwerk erneuert und anschließend verschiefert. Am Sichtfachwerk der Süd- und Ostseite wurde bis auf den Vorbau die Lehmausfachung beseitigt, nachträglich eingebaute Teile entfernt und die Fensteröffnungen auf ihre ursprüngliche Dimension beschränkt. Die Fachwerkhölzer erhielten den im Befund vorhandenen früheren Anstrich: ein kräftiges deckendes Rotbraun, während die Gefache in einem Putzton gehalten wurden.

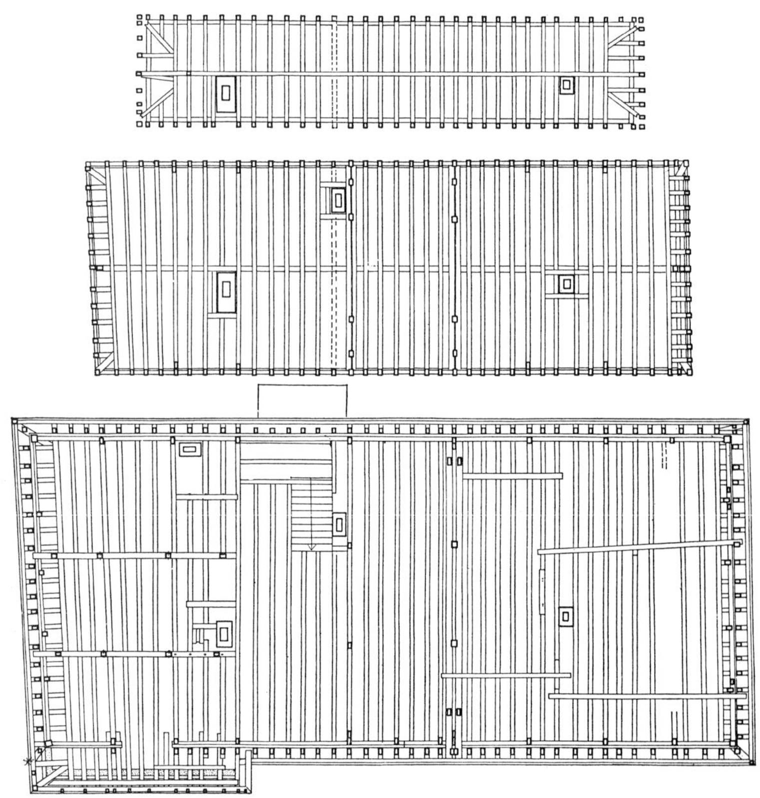

Dalberghaus: Aufmaß 1969: Gutschow, Hofmann. Das Foto zeigt das Dalberghaus nach der Sanierung 1968.

Ansicht von Osten

Längsschnitt

Querschnitt

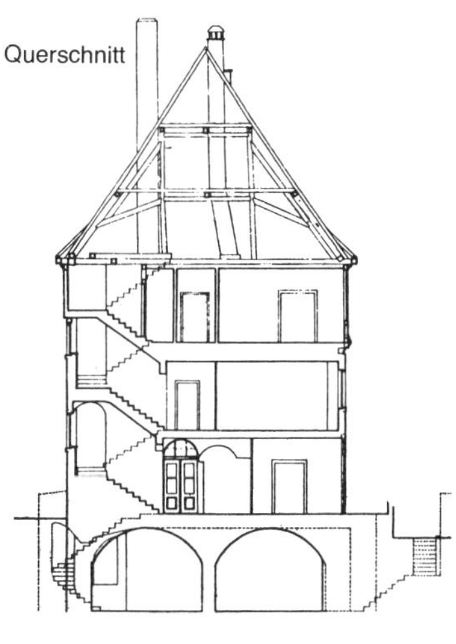

Schwanheim,

Vierhäusergasse 2.

Das Wohnhaus wurde 1619 errichtet. Im 19. Jahrhundert wurde das Fachwerkerdgeschoß durch massive Ziegelmauern ersetzt und zu Beginn unseres Jahrhunderts verputzte man das Gebäude bis auf zwei Rosetten und die geschnitzten Eck- bzw. Bundständer. Unter dem Putz versteckt und weitgehend unbekannt verbirgt sich ein kostbares Renaissancefachwerk. Die mit ornamentalen Schnitzereien versehenen Eckständer des Giebels im ersten Obergeschoß werden von halben Männern ausgesteift, den ebenfalls mit Schnitzwerk versehenen Bundständer schmückt ein ganzer Mann. Zwei weitere Ständer werden durch Fußbänder verziert, die hier keine statische Funktion besitzen. Das Giebeldreieck ist noch üppiger geschmückt. Das Brüstungsfeld unter dem Fenster beherrscht ein starkes von einer Raute durchkreuztes Andreaskreuz. Die beiden anschließenden Gefache tragen je eine reiche Rosette auf einem Andreaskreuz, darüber steht je ein einfaches Andreaskreuz. Die Winkel am Dachfuß sind mit geschweiften Kurzstreben mit Nasen abgestellt und das Firstdreieck gliedern drei ineinanderlaufende Andreaskreuze. Schwellen und Rähmhölzer der Quergesimse sind überreich profiliert. Aufgrund des außerordentlichen Schmucks erscheint eine Freilegung dieses Fachwerks dringend geboten.

Haus Vierhäusergasse 2.
Unten: Nur wenige der reichgeschmückten Fachwerkhölzer sind heute nicht vom Verputz verdeckt; rechts: das Haus zu Beginn unseres Jahrhunderts ohne Verputz.

Enkheim,

Riedstraße 37.

Das aus der Straßenflucht zurückspringende Wohngebäude aus dem 16./17. Jahrhundert gehörte wahrscheinlich zu einer landwirtschaftlichen Hofreite, deren Wirtschaftsgebäude bis an die Straße reichten. Die dreizonig geteilte Traufseite des Hauses hat der Zimmermeister durch die betonte Anordnung krumm gewachsener Hölzer zu einem eigenwilligen Fachwerkbild gestaltet. Die Aussteifung des Erdgeschosses wird durch zwei Strebenpaare erreicht, die aus jeweils im oberen Drittel scharf abgeknickten Hölzern bestehen. Diese Streben laufen schräg von der Schwelle nach oben und enden am Rähm annähernd senkrecht. Im Obergeschoß sind in den zwei äußeren Zonen jeweils zwei stark konkav gebogene Fußstreben und über dem Brustriegel ansetzende konvex gebogene dünnere Kopfstreben eingebaut. Die Fußstreben reichen nur bis zum Halsriegel und stoßen mit dem größeren Teil ihres oberen Stirnholzes an diesen Riegel an, da sie nicht mit auf Null auslaufender Schmiege mit den Ständern verbunden, sondern nur leicht an diese angeschmiegt wurden. Durch die starke Biegung der Fußstreben entstanden im Obergeschoß als großes Fachwerkbild auf dem Kopf stehende Halbkreise.

An diesem Enkheimer Fachwerk läßt sich die Zonigkeit und innere Teilung des typischen Fachwerkhauses der Frankfurter Vororte gut demonstrieren. Die Breite der Haustür und je ein Gefach rechts und links davon entsprechen der Eingangszone (Erschließungszone), die neben dem Eingang meist das Treppenhaus und die Küche beinhaltet. Die abschließenden Ständer dieser Zone sind Bundständer, an die innere Querwände anschließen und gegen die sich von den äußeren Zonen je eine Strebe lehnt. Von diesen Querwänden aus nach rechts und links befinden sich dann die beiden äußeren Zonen, die je eine große Stube beinhalten oder durch Mittellängswände nochmals unterteilt sind. Im Falle des Hauses Riedstraße 37 war die linke Zone mit der Fensterverdoppelung wohl die „gute Stube", das größte Zimmer im Haus, während die Zone rechts vom Eingang zumindest früher unterteilt war.

Über dem Rähm des Erdgeschosses sind die Balkenköpfe der quer zur Hausachse liegenden Balkenlage sichtbar. Diese Balkenlage wird mittig durch Unterzüge unterstützt, die von den Außenwänden und den Querwänden (Schotten) getragen werden. Unter Umständen stützen auch Fachwerklängswände innen statt der Unterzüge die Balkenlage in der Mitte ab.

Sindlingen,

Huthmacherstraße 16.

Das reich geschmückte Fachwerk des Hauses Huthmacherstraße 16 wurde gut gepflegt und stellt dadurch besonders die ursprüngliche Schönheit von Fachwerk heraus. Das Gebäude wurde 1695 errichtet. In der Gründerzeit ersetzte man das Fachwerkerdgeschoß durch ein massives Erdgeschoß mit einer Sandsteinfassade aus gotisierendem Spitzbogeneingang und Vorhangbögen über den beidseitig symmetrisch angeordneten Schaufenstern.

Der straßenseitige Giebel ist dreizonig geteilt, Eck- und Bundständer sind mit dreiviertelgeschoßhohen Fußstreben und kurzen Kopfwinkelhölzern in der Mannform verstrebt. An die Bundständer schließen in diesem Falle wahrscheinlich keine Wände an, sie dienen vielmehr zur Abtragung der Lasten aus den Unterzügen. Durch geschweifte Gegenstreben mit Nasen werden die Mannfiguren mehr geschmückt, denn die Horizontalaussteifung verstärkt. Im Dachgeschoß wird die Dreiteilung bis zur Kehlbalkenlage beibehalten, das Mittelfeld ist verbreitert und hat dadurch genügend Raum für zwei Fenster. Neben der Ausschmückung mit nasenbesetzten Kurz- und Gegenstreben sind alle Gefache der Fensterbrüstungen mit profilierten negativen Rauten gefüllt. Den Spitzgiebel schmücken ein rundes Fenster, kurze Streben sowie ein Andreaskreuz. Die Balkenköpfe der Geschoßbalkenlagen werden durch reich profilierte Schalgesimse verdeckt.

Am rechten Eckständer ist eine in starken barocken Formen gegliederte Konsole angebracht, die eine Marienskulptur trägt.

An der Traufseite des Gebäudes im Hof fällt ein seltenes radähnliches Fachwerkbild auf. Am Kreuzungspunkt eines Ständers mit 2 Riegeln sind viertelkreisförmige Winkelhölzer eingebaut. Diese werden in größerem Abstand von 4 mit Nasen versehenen geschweiften Hölzern umgeben, die eine ovale Form bilden. Die Ecken des großen Feldes sind nochmals mit viertelkreisförmigen Winkelhölzern besetzt. Insgesamt ist das Fachwerk als typisch für reich geschmücktes barockes Fachwerk in den Frankfurter Vororten anzusehen.

Sossenheim, Rathaus,

Alt-Sossenheim 41.

Nach den konstruktiven Merkmalen, wie dem Bauschmuck, muß das Sossenheimer Rathaus kurz nach 1700 entstanden sein. Die heutige Umgebung sowie der nur provisorisch reparierte rechte Teil des Gebäudes lassen dessen einstige Schönheit und wohl überragende Stellung innerhalb des Dorfes Sossenheim kaum noch erkennen.

Auf dem schlichteren Erdgeschoß mit leicht gekrümmten Streben zwischen Schwelle und Rähm sitzt ein im Giebel dreizoniges mit halben und ganzen Männern sowie nasenbesetzten Kurzstreben ausgesteiftes erstes Obergeschoß. An dieses Geschoß ist auf der Traufseite über dem Eingang ein großer Erker angesetzt. Haupt- und Erkergiebel tragen die gleichen Schmuckelemente wie das erste Obergeschoß, zusätzlich noch das Motiv des Andreaskreuzes aus geschweiften Hölzern mit Nasen. Durch die Verwendung nur einer Art von ausschmückenden Hölzern, geschweiften nasenbesetzten Kurzstreben, die überkreuzt auch die Andreaskreuze bilden, hat der Zimmermeister ein stark geschmücktes, aber in sich geschlossenes und ruhiges Fachwerkbild geschaffen. Bis auf ein zugemauertes Fenster kann dieses Fachwerkbild heute noch ungestört am straßenseitigen Giebel beobachtet werden.

Besonders negativ wird die insgesamt leichte und elegante Fachwerkkonstruktion durch die nachträglich eingebauten massiven Unterstützungen des Erkers und die sparsamst reparierte Ecke rechts neben dem Erker beeinflußt.

Rechts: Das Sossenheimer Rathaus im Zustand 1979; unten: Details des reizvollen barocken Fachwerkbildes.

Niederursel, Frankfurter Rathaus,

Alt-Niederursel 28.

Nach der Realteilung von Niederursel zwischen Frankfurt und Solms-Rödelheim im Jahre 1714 wurde für den oberen Dorfteil, die Frankfurter Seite Niederursels, der Bau eines neuen Rathauses notwendig. 60 Gulden mußte die solms-rödelheimische Dorfhälfte für den Bau des Rathauses und eine Backstube an den Frankfurter Dorfteil bezahlen. 1716 wurde das sogenannte Frankfurter Rathaus fertiggestellt. Der schlichte Bau zeigt augenfällig, im Gegensatz zum zwei Jahre später gebauten üppig geschmückten Solms-Rödelheimischen Rathaus, daß die zu Frankfurt gehörenden Dorfbewohner nur über bescheidene Mittel verfügten und der Zimmermeister mehr konstruktives Fachwerk, wie z. B. in der Wetterau üblich, bevorzugte.

Trotz der bescheidenen Mittel, die für den Bau zur Verfügung standen, entstand ein stattliches zweigeschossiges Fachwerkhaus mit Krüppelwalmdach. Man verwendete für die Außenwände nur Eichenholz. Die Schwellriegelkonstruktion steht auf einem niedrigen Kriechkeller. Zur Verstrebung dienen teilweise stark gekrümmte Streben zwischen Schwelle und Rähm als auch halbe Männer mit Gegenstreben. Im Giebel sind zur Ausschmückung Kurzstreben und Gegenstreben, geschweift und mit Nasen besetzt, eingebaut. Weiteren Schmuck bilden negative Rautenbrüstungen im ersten Obergeschoß der Eingangsseite. Die Balkenköpfe werden von starken prifilierten Schalgesimsen verdeckt. Der Wechsel von gekrümmten Streben im Erdgeschoß, strebenlosem ersten Obergeschoß und geraden Streben mit geschweiften Gegenstreben im Giebel, ergibt eine reizvolle Differenzierung. Der rückseitige Giebel wurde in einer späteren Bauphase, wohl wegen Durchfeuchtungsschäden, durch Mauerwerk ersetzt. Über der Eingangstür ist in Flachreliefschnitzerei folgender Spruch eingeschnitten:

Recht tun hat betrogen.
Ich täd Recht und ward belogen.
Fuxschwenzer sind bei Herren lieb,
Stehlen mehr als ander Dieb.
Gleich wie der Fux den Hahn tud rechen,
Also wird der Teufel den Fuxschwenzer
den Hals zuletzt brechen.

Frankfurter Rathaus in Niederursel, Aufmaß 1963: Architektin M. Schmidt. Seite 56 Frankfurter Rathaus aus dem Jahre 1716, Seite 57 Solmser Rathaus in Niederursel aus dem Jahre 1718.

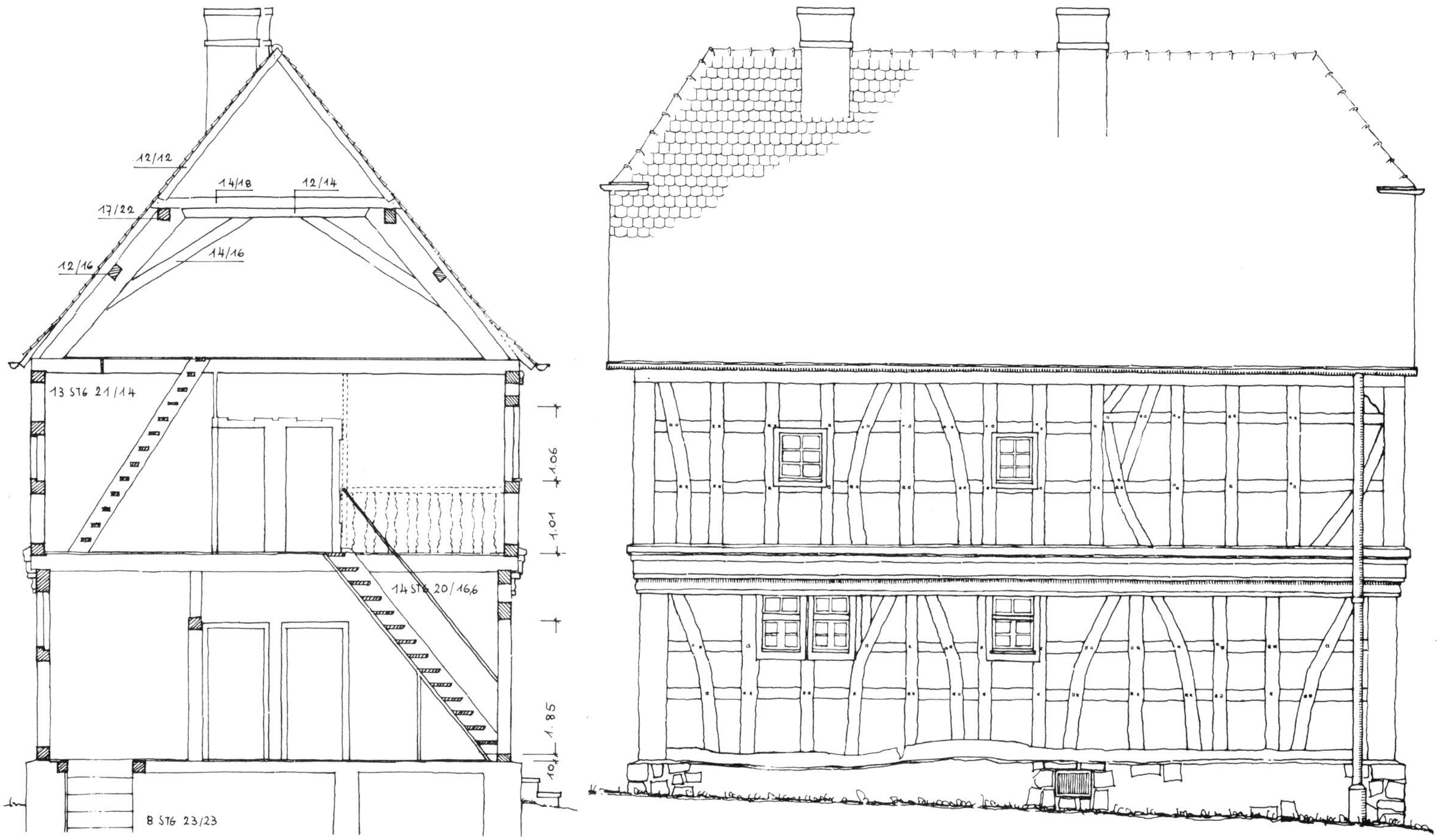

28

5-7
Spielgasse
2-26

Enkheim, Alte Mühle,

Alt-Enkheim 9.
Das Gebäude wurde 1728 errichtet. Die Alte Mühle ist ein für Frankfurt ungewöhnliches Fachwerk, da es in der sonst fast nur im Bereich niedersächsischen Fachwerks anzutreffenden Art mit Ziegelsteinen ausgefacht ist. Die Ziegelausfachung ist durch ein Zickzackband stehend hochkant vermauerter Ziegel ornamentiert. Das Fachwerk zeigt zum einen noch Schwellriegel im Erdgeschoß, zum anderen sind die Streben jedoch schon in der bis heute üblichen Form zwischen Schwelle und Rähm angeordnet. Die Fenster der Traufwand sind in Dreiergruppen zusammengefaßt, wobei jeweils das mittlere Brüstungsfeld als Schmuck einen kurzen Stiel aufweist, während die rechten und linken Fenster in der jeweiligen Gruppe mit Kurzstreben in der Brüstung geschmückt sind. Insgesamt wirkt das Haus bei einer Länge von über 15 m und asymmetrischer Wandteilung durch Hauseingang, Fensteranordnung und Zonung ruhig und wohl abgewogen. Das gleichmäßig verzimmerte Fachwerk, mit Holznägeln gesichert, verrät die Routine der Zimmerleute Anfang des 18. Jahrhunderts.

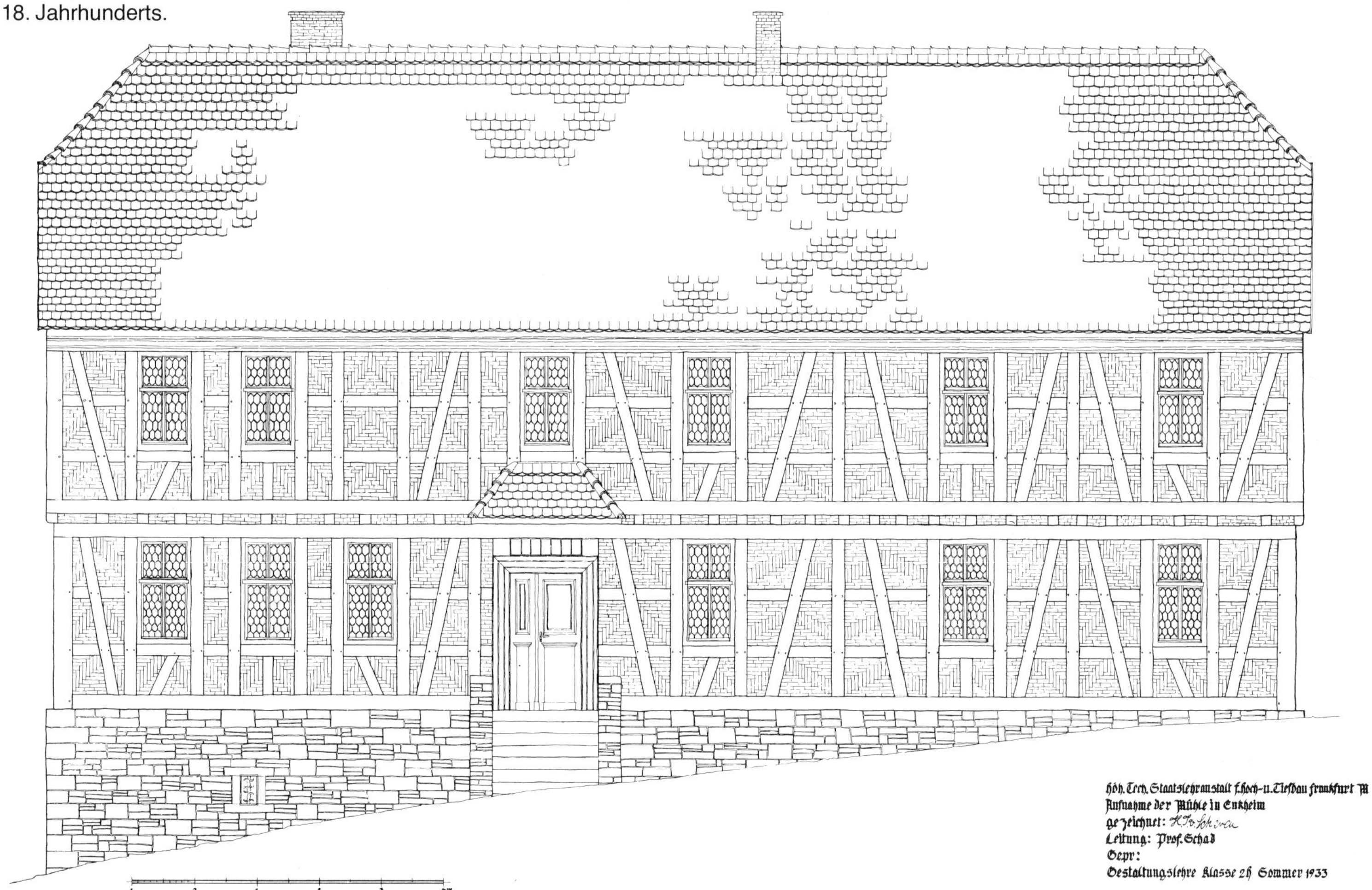

Fechenheim,

Leinwebergasse 5.

Den großen Brand 1634 überstanden nur 8, einen weiteren Großbrand am 20. 6. 1689 nur 7 Fechenheimer Häuser, so daß davon ausgegangen werden kann, daß in Fechenheim kein Haus aus einer früheren Epoche erhalten ist.

Das Haus in der Leinwebergasse 5 entstammt der notwendigerweise stärkeren Bauphase nach dem zweiten Großbrand um 1700. Das Erdgeschoß wurde, der Fenstergröße nach zu urteilen im vergangenen Jahrhundert, massiv statt eines früheren Fachwerkerdgeschosses ausgeführt. Das Fachwerk im 1. Obergeschoß zeigt eine häufiger in den Frankfurter Vororten anzutreffende Eigenschaft: Aus Sparsamkeitsgründen sind der straßenseitige Giebel und die Traufwand bis zum ersten Bundständer geschmückt bzw. schmuckvoller bearbeitet als die übrigen Fachwerkteile. Ausgesteift ist das Fachwerk mit halben Männern und Gegenstreben bzw. Streben zwischen Schwelle und Rähm im hinteren einfach gearbeiteten Fachwerk sowie Fußwinkelhölzern, die ähnlich Kurzstreben angeordnet sind. Zusätzlich geschmückt ist der Giebel in 3 Brüstungsgefachen durch eine mit einem Andreaskreuz durchkreuzte Raute, eine negative Raute und eine einfache Raute mit kleinen Eckzwickeln. Die Ständeraufteilung des 1. Obergeschosses ist leicht asymmetrisch, wohl deshalb hat der Zimmermeister links das stärker wirkende Motiv der negativen Raute und rechts die leichtere, einfache Raute eingebaut. Insgesamt ist das Fachwerk sehr sorgfältig hergestellt, die Eichenhölzer sind gut dimensioniert und in ihrer Stärke aufeinander abgestimmt.

Rathaus Fechenheim,

Pfortenstraße 2.

Das Rathaus wurde 1902 in der Zeit eines starken wirtschaftlichen Aufschwungs des Dorfes Fechenheim errichtet. Obwohl das Gebäude ein Massivbau ist und nur einen Fachwerkgiebel besitzt, wird dieser hier als Beispiel herangezogen, da besonders deutlich zu erkennen ist, wie die Formen des Fachwerks vergangener Stilepochen in gründerzeitlichen Fachwerken wiederkehren. Der linke Giebel zur Pfortenstraße hin ist als Zwerchhaus ganz in Fachwerkkonstruktion ausgeführt. Das senkrecht hochgeführte Geschoß zeigt als Schmuck in der Mitte zwei steile geschweifte Andreaskreuze und im rechten äußeren Feld das Motiv der seltenen Verstrebungsform des Klammerbugs. Der leicht auskragende Giebel ist als Wellengiebel, ähnlich den Giebeln der Altstadt Frankfurts um 1600, ausgeführt, wobei allerdings trotz der Ausbildung zweier Ecken keine Zweigeschossigkeit dargestellt wurde. Die das Fenster teilenden Ständer sind mittels Fußwinkelhölzern ausgesteift. Über dem Fenster sind Viertelkreishölzer rautenartig zusammengefaßt, darüber folgen zwei Andreaskreuze. Die geschweiften Hölzer rechts und links der Fenstergruppe dienen als Streben und Gegenstreben. Daß bis auf Ständer, Riegel und Rähm alle Hölzer mehr schmückenden, denn statisch-konstruktiven Wert besitzen, ergibt sich aus der Tatsache, daß die Hölzer zugunsten der schmückenden Wirkung zur Aussteifung entweder nicht gebraucht werden oder statisch ungünstig angeordnet sind. Die flächig mit Bohlen gefüllten Teile, insbesondere im Bereich der Giebelwellen, wurden mit Schnitzwerk – Fächerrosetten und pflanzlichen Ornamenten – versehen.

Seckbach, Haus Heiligenstock,

Friedberger Landstr. 531.

Die bewegte Geschichte des Hauses am Heiligenstock – nach dem rechts neben dem Gebäude stehenden Heiligenstock – ist in der Stockschwelle der Traufseite zur Straße eingeschnitten: „Kanonenhäuschen, erbaut um 1700, zerstört 1944, wieder aufgebaut 1950 von Willi Nehls und seiner Ehefrau Frieda, geb. Schaub, der Fachwerksprofessor Schad u. Arch. Kramer, der Zimmermann war Joh. Henkel II, Lauterbach, Hessen."

Bei dem Wiederaufbau 1950 bildete man die Konstruktion, Verstrebungsformen und den Schmuck den um 1700 gebräuchlichen Formen nach. Das Erdgeschoß ist massiv aufgemauert. Die Eckständer des ersten Obergeschosses sind durch halbe Männer verstrebt, während die Bundständer in den Giebeln eine seltene Verstrebungsform aus konvex gebogenen Fuß- und Kopfstreben, die nicht übereinandergreifen, besitzen. Die Fensterbrüstungen werden durch geschweifte Rauten von Andreaskreuzen durchkreuzt, geschmückt. Unter den Giebelfenstern des Dachgeschosses findet sich der gleiche Schmuck mit geraden Rauten. Die Mittellängsunterzüge unter den Balkenlagen werden innerhalb des Gebäudes von je zwei achteckigen Eichensäulen getragen. Das Gebäude erhielt keine durchgehenden aussteifenden Querschotten.

Durch einen zurückliegenden Putz der Gefache litt das Fachwerk so stark, daß 1979 bereits die Fachwerkwand des ersten Obergeschosses im Südgiebel wegen Fäulnisschäden vollkommen ausgewechselt werden mußte.

Der Heiligenstock im Jahre 1910. Rechts das aus dem Jahre 1950 stammende Haus Heiligenstock nach der Sanierung 1979.

Auch in Frankfurts Stadtteilen sind viele wertvolle Fachwerkkonstruktionen untergegangen. Das obere Bild rechts zeigt das 1446 erbaute und 1802 abgerissene Rödelheimer Schloß nach einer Zeichnung von Reiffenstein aus dem Jahre 1858. Auf der unteren Zeichnung ist die Villa Waldfried abgebildet, 1898 von den Architekten Bäppler und Kauffmann im Tudorstil erbaut und im Krieg vollständig zerstört. Zeichnung: Kauffmann.

LANDHAUS C. WEINBERG

III. Stilistische Merkmale/Typologien

Giebelformen

Die Art und Anlage der aussteifenden Verstrebungshölzer eines Fachwerks formen, noch mehr als bei den Geschoßwänden, die Giebeldreiecke der Fachwerkhäuser. Die in zahlreichen Variationen und unterschiedlichsten Ausführungen vorkommenden Giebelkonstruktionen in den Frankfurter Stadtteilen lassen sich typologisch in wenigen Grundformen zusammenfassen:

Verstrebung mittels Kurzstreben zwischen Giebelschwelle und Brüstungsriegel bzw. äußerem Sparrenpaar, Verstrebung mittels geschoßhohen Streben zwischen Giebelschwelle und äußerem Sparrenpaar, Verstrebung zwischen Giebelschwelle und Giebelständern.

Die einfachste Art der Giebelverstrebung sind Kurzstreben, nach innen oder außen geneigt und gegen den Brüstungsriegel stoßend oder nach außen geneigt mit den äußeren Dachsparren ein steifes Dreieck bildend. Besonders bei älteren und schmalen Häusern wie
Am Michlersbrunnen 11 in Bergen;
Leinwebergasse 5 in Fechenheim;
Alt-Nied 28 in Nied;
Draisbornstr. 11,
Ellerstr. 3,
Hofhausstraße 3, 10 und 11,
Niedergasse 6,
Wilhelmshöher Str. 111, 125, 129, 159, 167 und 186
sowie Lohrgasse 5 in Seckbach;
Spielsgasse 6,
Kirchgartenstr. 1,
Schüttgrabenstr. 2 und
Alt-Niederursel 43 in Niederursel
wurde nur mit Kurzstreben ausgesteift.

Eine gleichfalls ältere Aussteifungskonstruktion ist die Anordnung von zwei, vereinzelt auch vier geschoßhohen oder annähernd geschoßhohen Streben, die gegen das äußere Sparrenpaar geneigt sind und zusätzlicher, meist anders gerichteter, Kurzstreben. Durch die Verwendung langer Streben sind diese Konstruktionen wesentlich steifer als die erstgenannten. Zu den Giebeln dieses Typs gehören:
Spielsgasse 18,
Oberurseler Weg 21,
Obermühlgasse 1,
Krautgartenweg 1
und Kleine Schüttgrabenstr. 3 in Niederursel;
Rathausgasse 1,
Hofhausstr. 16 und
Alt-Seckbach 6 in Seckbach;
Klappergasse 12 in Sachsenhausen;
Nistergasse 19 in Heddernheim;
Alt-Fechenheim 88 in Fechenheim;
Berger Str. 351 in Bornheim;
Alt-Enkheim 9 und
Riedstr. 31 in Enkheim.

Die dritte Art der Giebelverstrebung ist bei besser ausgestatteten und/oder breiten Fachwerkgiebeln zu finden. Das Giebeldreieck wird bei dieser Aussteifungsform durch ein Joch aus Ständerpaar mit Kehlbalken und meist von innen nach außen an die Ständer angreifenden Streben oder einem Strebepaar je Ständer ausgesteift. Zu den in dieser Weise verstrebten Giebeln gehören u. a.
Eschbachsteg 2 in Nieder-Eschbach;
Wilhelmshöher Str. 188 in Seckbach;
Brand 3 in Höchst;
Burglehen 10 und
Ankergasse 5 in Fechenheim;
Marktstr. 31 und 44 in Bergen;
Sossenheimer Mühlgasse 2 in Sossenheim.

In einer reduzierten Form, wie z. B. beim Haus Am Graben 1 in Schwanheim, wurde diese Verstrebungsart mit nur einer Strebe ausgeführt. Abgesehen von dem asymmetrischen Giebelbild wirkt diese Aussteifung auch nur in einer Richtung, da die Strebe keine Zugkräfte aufnehmen kann.

Breite, geschmückte Fachwerkgiebel sind praktisch alle in der letztgenannten Form, meist zusätzlich mit geraden oder geschweiften Kurzstreben, ausgesteift. Oft wurde dabei das System der als Männer dargestellten Bundständer mit Verstrebung der Geschoßwände auch auf den Giebel übertragen und dadurch ein harmonisches ausgewogenes Bild des Gesamtfachwerks, als auch eine mehr als konstruktiv notwendig

gute Verstrebung gegen Kippen und Winddruck, erreicht. In dieser Art verstrebte und geschmückte Giebel sind bei den Häusern

Alt-Niederursel 20 und 28 in Niederursel,
Alt-Sossenheim 41 in Sossenheim sowie
Hutmacherstr. 3 und 16 in Sindlingen

zu finden. Am Giebel zur Charlottenburg 5 in Nieder-Erlenbach wurden zwei sehr schräge Streben, durch die Fensteranordnung bedingt, nach innen gegen die Streichpfosten des Fensters geneigt, angeordnet.

Links: Leinwebergasse 5, Kurzstreben
Alt-Bornheim 11, Streben gegen Sparren
Alt-Sossenheim 74, Scheunengiebel
Oben: Zum Eschbachsteg 2, Joch aus Ständern, Kehlbalken und Streben.
Spielsgasse 18, Kurzstreben und Streben gegen Sparren.
Am Graben 1, Joch mit einseitiger Strebe
Zur Charlottenburg 5, stark geneigte Streben
Rechts: Huthmacherstraße 3, Joch, doppelt abgestrebt
Huthmacherstraße 16, Schmuckgiebel.

1668 von Meister Wilhelm aus Frankfurt am Main aufgezeichnete Brüstungsschmuckhölzer.

Schmuckformen und ausschmückende Hölzer

Bis zum Ende der Spätgotik wurden Fachwerke auch in Frankfurt und den heutigen Frankfurter Stadtteilen nur durch Anordnung, Gruppierung und Bündelung der konstruktiv notwendigen Holzstäbe geschmückt. Strebenbündel an Bund- und Eckständern sowie viertelkreisförmige Fußbänder gehörten zum gotischen Fachwerkbild. In der Altstadt begann man etwa ab 1580, in den Dörfern rund um Frankfurt meist erst nach dem Dreißigjährigen Krieg, Renaissance- und Barockfachwerk kunstvoll zu schmücken. Der Schmuck bestand bzw. besteht einzeln oder kombiniert aus:

kunstvoll ausgebildeten Verstrebungsformen, meist Männern,

Profilierung von Schwellen, Rähmhölzern, Schalgesimsen und den äußeren Sparren sowie Anordnung von Zahnleisten,

Schmuckhölzern in den Brüstungsgefachen,

Schmuckhölzern über das gesamte Fachwerk verteilt, fast immer geschweiften Streben oder Gegenstreben, Schmuckknaggen,

Schnitzwerk, insbesondere an Eckständern und farbigen Fassungen des Fachwerks.

Als Schmuckhölzer in den Brüstungsgefachen, meist unter den Fenstern, treten in den Frankfurter Stadtteilen praktisch alle Schmuckformen, die zwischen Mittelrhein, Nordhessen und Württemberg vorkommen, auf. Dabei ist deutlich festzustellen, daß die westlichen und nördlichen Vororte wie Höchst, Sindlingen, Sossenheim, Praunheim und Niederursel mehr vom heiteren Schmuckwerk des Rheins beeinflußt wurden, während insbesondere im Osten wie Bergen, Enkheim und Fechenheim mehr das herbere Fachwerk der Wetterau spürbar ist.

Nur wenige Schmuckhölzer, wie das Spangenkreuz im untergegangenen Fachwerk des Nordflügels im Großen Speicher und am Haus Walfisch, Alte Mainzergasse 4, sind in Frankfurt und seinen Stadtteilen heute nicht mehr mit Beispielen belegbar.

Das Haus Wertheim, Am Fahrtor 1, kann andererseits als exemplarisches Beispiel stehen, da es einen großen Teil der vorkommenden Schmuckhölzer in einem Fachwerk vereinigt.

Zu den einfachsten ausschmückenden Hölzern gehören gerade oder konturierte Kurzstiele in Fensterbrüstungen. Beispiele dazu finden sich am Haus Wertheim, Am Fahrtor 1 und dem Haus Marktstr. 50 in Bergen.

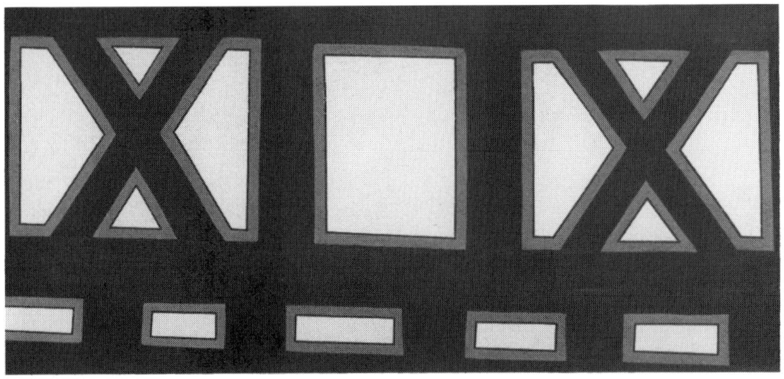

Ebenso gerade oder konturiert sind ausschmückende Fußbänder, wie an den Häusern Schloßplatz 6 und Burggraben 14 in Höchst sowie Marktstr. 50 in Bergen.

Das gerade Andreaskreuz, ein im alemannischen und fränksichen Fachwerk sehr beliebtes Schmuckmotiv, da es auch zur Versteifung mit herangezogen wird, ist an den Häusern Huthmacherstr. 7 und 15 in Sindlingen, Allmeygang 2, Schloßplatz 12, Zollturm und Bolongarostr. 166 in Höchst, Liederbacher Str. 60a in Unterliederbach und geschoßhoch am Haus Homburger Landstr. 639 in Bonames sowie in vielen Giebelverstrebungen zu finden. Mehr bevorzugt wurde in Frankfurt das geschweifte Andreaskreuz, der sogenannte Feuerbock, der in den Fachwerken Dalberghaus/Bolongarostr. 186, Bolongarostr. 145, Alt-Höchst 14, Schloßplatz 6 und Zollturm in Höchst sowie am Haus Wertheim verzimmert wurde.

Eine einfache Raute kommt am Haus Leinwebergasse 5 in Fechenheim vor, geschweifte Rauten im Fachwerk Alt-Bonames 12 in Bonames und negative Rauten an den Häusern Alt-Niederursel 28 und 29 in Niederursel, Huthmacherstr. 3 und 16 in Sindlingen, Wagengasse 5 in Unterliederbach, Leinwebergasse 5 in Fechenheim sowie Schloßplatz 9 und 11 in Höchst.

Gerade oder geschweifte Rauten, von Andreaskreuzen durchkreuzt, wurden in den Fachwerken Friedberger Landstr. 531 in Seckbach, Alt-Niederursel 29 in Niederursel, Alt-Praunheim 44 in Praunheim, Leinwebergasse 5 in Fechenheim, Alt-Höchst 14 in Höchst und Haus Wertheim verzimmert. Von Andreaskreuzen durchkreuzte Kreise sind am Haus Vierhäusergasse 2 in Schwanheim und wiederum am Haus Wertheim zu finden.

Flechtwerke und geschnitzte Bohlentafeln wurden in das Fachwerk des Dalberghauses, Bolongarostr. 186 in Höchst, eingefügt, zur Ausschmückung der Fachwerke Alt-Heddernheim 11–13 in Heddernheim, Krautgartenweg 1 in Niederursel und Alt-Sossenheim 41 in Sossenheim verwendete man geschweifte und teilweise mit Nasen besetzte Kurzstreben.

Weiter kommen einmalige Sonderschmuckformen, wie die ovalen Formen am Haus Huthmacherstr. 16 in Sindlingen, vor und schließlich sind bei gründerzeitlichen Fachwerken viele früher verwendete Schmuckhölzer, meist nur sehr viel dünner, wiederzufinden.

Links: Schmuck in Brüstungsgefachen: Andreaskreuze, Feuerböcke, negative Rauten und von Andreaskreuzen durchkreuzte Rauten, unten: Mannfigur (Wilder Mann), rechts: Flechtwerk, Stipptechnik im Putz und zierliche Raute.

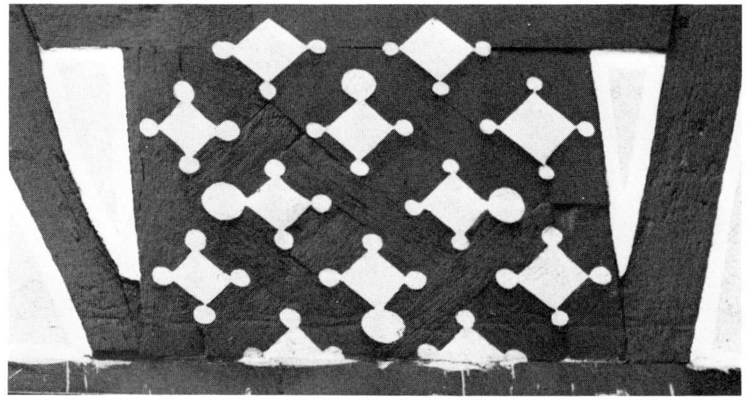

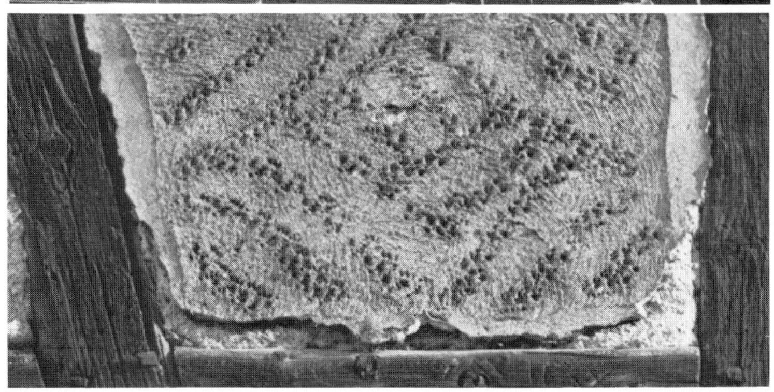

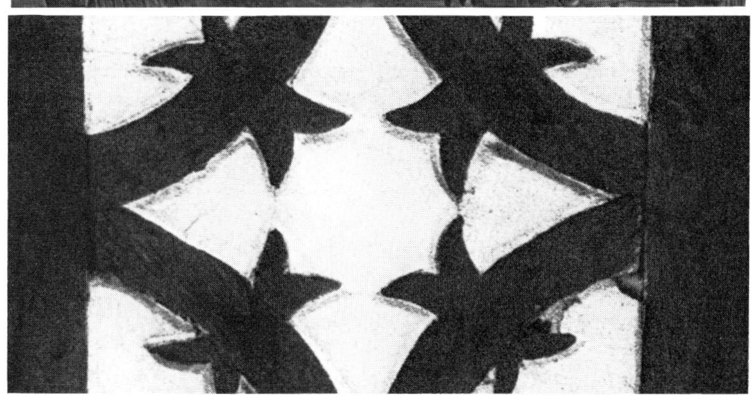

Eckständer

Eine große Zahl mit herausragendem Schnitzwerk versehener Eckständer ist mit der Altstadt untergegangen. Als Beispiel muß auch hier das Haus Wertheim, aus der Zeit um 1600, mit 2 reich geschnitzten und in Gold gefaßten Eckständern im 1. und 2. Obergeschoß dienen. Besonders der über die ganze Breite seiner Sichtflächen mit Schnitzwerk versehene Ständer des 1. Obergeschosses zeigt den Reichtum handwerklichen Könnens. Die eigentliche Ecke ist in Form eines gedrehten Stabes, der in Doppelspiralen ausläuft, ausgearbeitet und die anschließenden Flächen sind mit Flecht- und Pflanzenmotiven flächig bedeckt. Nach unten wird die herausgehobene Ecke in der ebenfalls stark gezierten Stein-

Links: Ecke Haus Wertheim; rechts: Eckständer der Häuser: Alt-Niederursel 20, Hintergasse 7, Wilhelmshöher Straße 159, Fahrgasse 1, 2. Obergeschoß, Vierhäusergasse 2, Metzlerstraße 30.

konsole fortgeführt, nach oben in Form des mit geringeren Schnitzereien versehenen Eckständers im 2. Obergeschoß.

Die noch erhaltenen, herausgehobenen Eckständer der Fachwerke in den Frankfurter Vororten entstammen alle der Zeit zwischen dem Ende des 16. Jahrhunderts und dem Anfang des 18. Jahrhunderts.

Die beiden straßenseitigen Eckständer des Hauses Alt-Niederursel 20 wurden 1581 bearbeitet, in einer Zeit, da Fachwerke im ländlichen Raum nur selten geschmückt wurden. Dementsprechend sind auch die von der Witterung zudem noch stark angegriffenen Ständer nur einfach geschuppt. Neben den geschuppten Eckständern zeigt dieses Fachwerk eine Reihe von Rosetten in Flachreliefschnitzerei.

Der Eckständer am 1586 errichteten Fachwerk des Dalberghauses in Höchst am Main zeigt Anklänge an die Eckständer der Altstadt. Auch hier ist die Ecke als gedrehter Stab, der in Doppelspiralen ausläuft, gearbeitet, während über die beiden Sichtflächen des Holzstabes stark herausgearbeitete Flechtbänder laufen. Das Schnitzwerk ist in Gold, Blau, Rot und Gelb gefaßt.

Die Eckständer des Hauses Hintergasse 7 in Seckbach sind mit circa 40 x 40 cm weit stärker dimensioniert als statisch notwendig und tragen auffallend reiches Schnitzwerk. Die als Rundstab ausgearbeiteten Ecken bedecken größere und feinere Schuppen sowie Pflanzenornamente und laufen, wie bei fast allen geschnitzten Eckständern in Frankfurter Vororten, in Doppelspiralen aus. Beidseitig des Rundstabes schließen sich asymmetrisch Schuppen und Pflanzenornamente an. Die an den Eckständern anliegenden Kopfwinkelhölzer tragen ein flach geschnitztes Strahlenmotiv.

Einfacher gearbeitet ist das Schnitzwerk des Eckständers am Haus Wilhelmshöher Str. 159 in Seckbach mit einem geschuppten Rundstab, der in Spiralen endet. Ebenso schlicht sind die Eckständer am Vorbau des Hauses Bolongarostr. 161 in Höchst gearbeitet. Das hier verwendete Motiv eines über der Ecke liegenden Eierstabes kommt nur sehr selten vor. Die Eierstäbe enden wieder in Doppelspiralen.

Am 1619 in der Vierhäusergasse 2 in Schwanheim errichteten Haus sind Eckständer, Bundständer und Rosetten reich geschmückt. Die Ekken der Ständer sind als geschuppte Rundstäbe, in Spiralen endend, ausgebildet. An den Rundstab schließen sich in großen Formen Blüten- und Pflanzenmotive an.

Bereits stark angewittert ist das Schnitzwerk des Eckständers am Haus Zur Charlottenburg 5 in Nieder-Erlenbach. Sichtbar sind eine Doppelspirale, darunter ein geschuppter Teil des Eckstabes, der etwa in der Mitte in einen gedrehten Stab wechselt.

Nicht geschnitzt, aber besonders herausgehoben, sind die Eckständer der Häuser Huthmacherstr. 7 mit einem eingearbeiteten Marienschrein und Huthmacherstr. 16 mit angearbeiteter Konsole zur Aufnahme eines Marienbildes in Sindlingen sowie am Haus Wagengasse 5 in Unterliederbach, dessen Eckständer in Form barocker Säulen ausgearbeitet sind.

Die Eckständer gründerzeitlichen Fachwerks in Frankfurt zeigen häufiger Schnitzwerk. Als Beispiele seien hier genannt die Ständer des Fachwerkturmgeschosses am Haus Schaumainkai 85 mit kräftigen Pflanzendarstellungen und die gedrehten Stäbe der Eckständer an den Häusern Metzlerstr. 30 und Eschenheimer Anlage 24.

Insgesamt ist festzustellen, daß sich das Schnitzwerk an Eckständern vom 16. bis zum 20. Jahrhundert nur unwesentlich verändert hat und aus nur wenigen Motiven: Pflanzenornament, Spirale, Schuppen und gedrehten Stäben besteht.

Eckständer mit Marienschrein, Huthmacherstraße 7.

Eckständer Dalberghaus.
Abwicklung: Hochbauamt, Architektin Berninghaus.

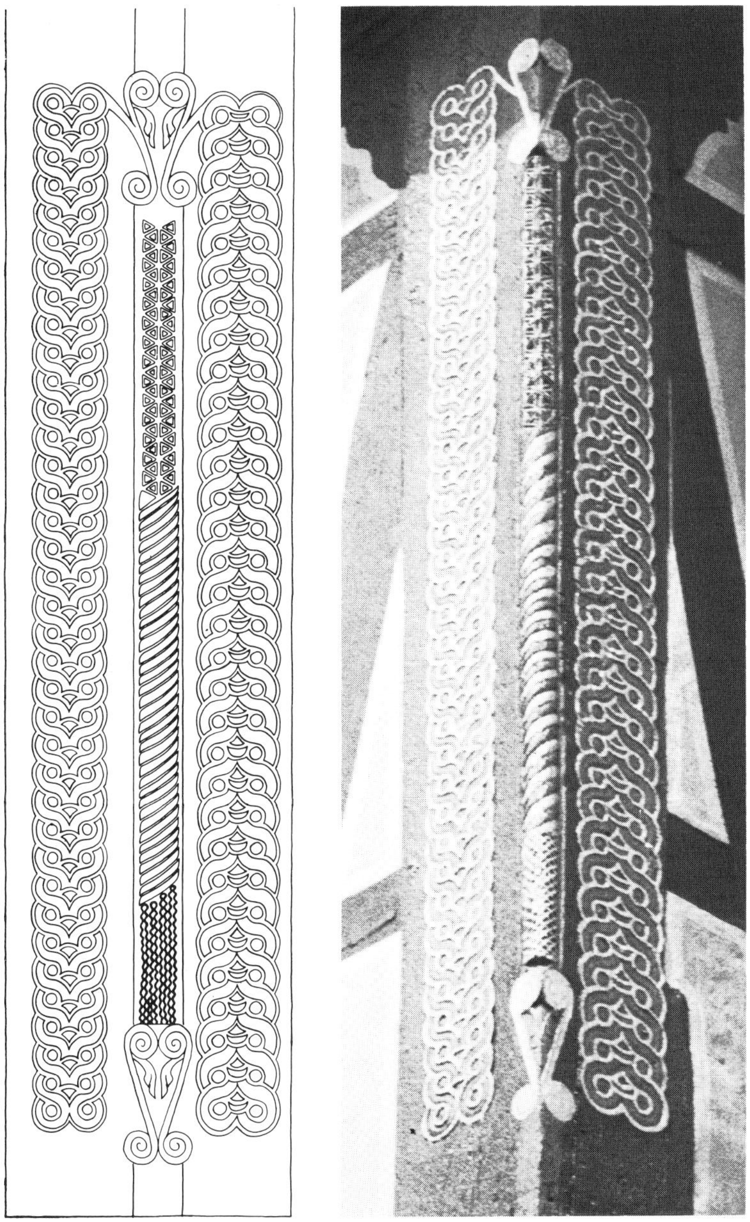

Erker

Erker, auskragende Bauteile, die nicht auf dem Erdgeschoßboden beginnen, dienen weniger der Erweiterung der Grundrisse, als zur Heraushebung eines Gebäudes aus der Nachbarschaft von Häusern und zu städtebaulicher Gliederung. Wand- und Eckerker aus Fachwerk wurden in Frankfurt sparsam angeordnet. Nur an wenigen Bauten, die einen deutlichen Akzent erhalten sollten, bediente man sich der architektonischen Steigerung durch einen Erker. Wanderker waren in der Altstadt an den Häusern Großer Engel mit rechteckiger Grundrißform, Darmstädter Hof mit fünfeckigem Grundriß und in der Kannengießergasse 14 wiederum mit rechteckigem Grundriß bekannt. In allen Fällen war der Raumgewinn im Verhältnis zum technischen Aufwand gering, die Erker hatten gestaltende Funkionen. Beim Großen Engel wird dies sowohl für die Heraushebung des Gebäudes aus der Ostzeile des Römerbergs als auch für die stadtgestalterische Situation bewußt.

Noch deutlicher wird das stadtgestalterische Moment bei den Eckerkern. Drei Häuser besaßen ausgeprägte Eckerker: das Haus Würzburgereck in der Fahrgasse 63, das Haus Luthereck Domplatz/Ecke Kannengießergasse und das Haus Zum Weißen Roß in der Großen Gallusgasse 2. Letzteres besaß sogar zwei Eckerker. Die Eckerker der genannten Häuser ruhten auf großen, stark profilierten Steinkonsolen. Die Erker waren als Fünfecke ausgebildet. In allen Fällen prägten diese Erker die Ecksituation der Gebäude besonders plastisch. Am spätgotischen Gebäude Kleine Münze waren zwei turmartige Eckerker angeordnet, die auf Bügen ruhten.

Ähnlich, wie es in der Frankfurter Altstadt nur wenige Erker gab, gibt es diese Bauzierde auch in den Vororten nur in kleinstem Umfang. Die Funktionen dieser Erker sind geringfügig anders als sie es in der Altstadt waren: sie dienen der Markierung eines öffentlichen, herausragenden Gebäudes wie den Rathäusern oder als Vorbau über einem Eingangsbereich.

Das Berger Rathaus trägt auf dem, dem ehemaligen Markt zugewandten Giebel einen prächtigen fünfeckigen Wanderker. Der eingeschossige, dem ersten Obergeschoß angesetzte, Erker ruht auf vier schwungvollen Bügen, die wiederum auf einem Kragstein der massiven Erdgeschoßwand aufsitzen. In den Erkerwandteilen sitzt zwischen Brust- und Sturzriegel je ein Fenster. Das Erkerdach lehnt sich als fünfeckige verschieferte leicht konvex gebogene Haube an den Fachwerkgiebel.

Ähnlich dem Berger Rathauserker ist auch der Erker des Seckbacher Rathauses ausgebildet: fünfeckig, auf vier leicht geschwungenen Bügen, mit nur drei Fenstern in den Mittelfeldern. Als Brüstungsschmuck dienen Kurzstreben und Andreaskreuz. Das Dach ist in Form einer halben Welschen Haube, mit Kupfer eingedeckt, an den Giebel angeschlossen.

Der Wanderker des Sossenheimer Rathauses verbindet die beiden Funktionen der Heraushebung eines Gebäudes als auch der Schaffung eines überdachten Eingangsbereiches. Die unförmigen massiven Unterstützungen unter dem Erker gehören wie die mangelhafte Fachwerkergänzung in der rechten Hälfte der Traufseite zu Umbau- und Repara-

Anlieger frei
2

turmaßnahmen der letzten Jahrzehnte, die dem Rathaus außerordentlich geschadet haben. Der Erker wurde früher über Holzstützen oder -säulen abgetragen. Der eigentliche Erkerkubus ist im Original erhalten, er verleiht dem an sich schon stark durch Schmuckhölzer herausgehobenen Bau eine feine Gliederung.

Die Wanderker der Häuser Hofhausstraße 17 in Seckbach und Alt Niederursel 20 in Niederursel dienen zur Überdachung der Hauseingänge und ergeben gleichzeitig reizvolle Innenraumsituationen. Der Erker in Seckbach stand früher wohl auf zwei Stützen über einer Treppenanlage, die den Zugang zum Haus von zwei Seiten ermöglichte. Die Stützen wurden ersatzlos entfernt, die Last des Erkers ruht jetzt allein auf den auskragenden Deckenbalken. Das Erkerdach ist als Satteldach ausgebildet und schmiegt sich an das Hauptdach an. Erst in jüngster Zeit wurde das unmaßstäbliche trapezförmige Fenster in die Erkervorderseite eingebaut.

Die Kragbalken des ähnlich aufgebauten Erkers am Hause Alt Niederursel 20 ruhen außen auf einem Unterzug, dessen Last über ein Verstärkungsholz auf eine achteckige, stark profilierte Eichensäule abgetragen wird. Das Verstärkungsholz ist in die Säule eingehalst, die Säule selbst steht auf einem runden Sandsteinsockel. Die Lastabtragung dieses Erkers, in Verbindung mit der Sandsteintreppenanlage, ergibt eine großzügige Eingangsituation.

Links: Verkünderker des Rathauses Seckbach; rechts: derjenige des Rathauses Bergen; unten: Erker Alt-Niederursel 20, Zustand 1905.

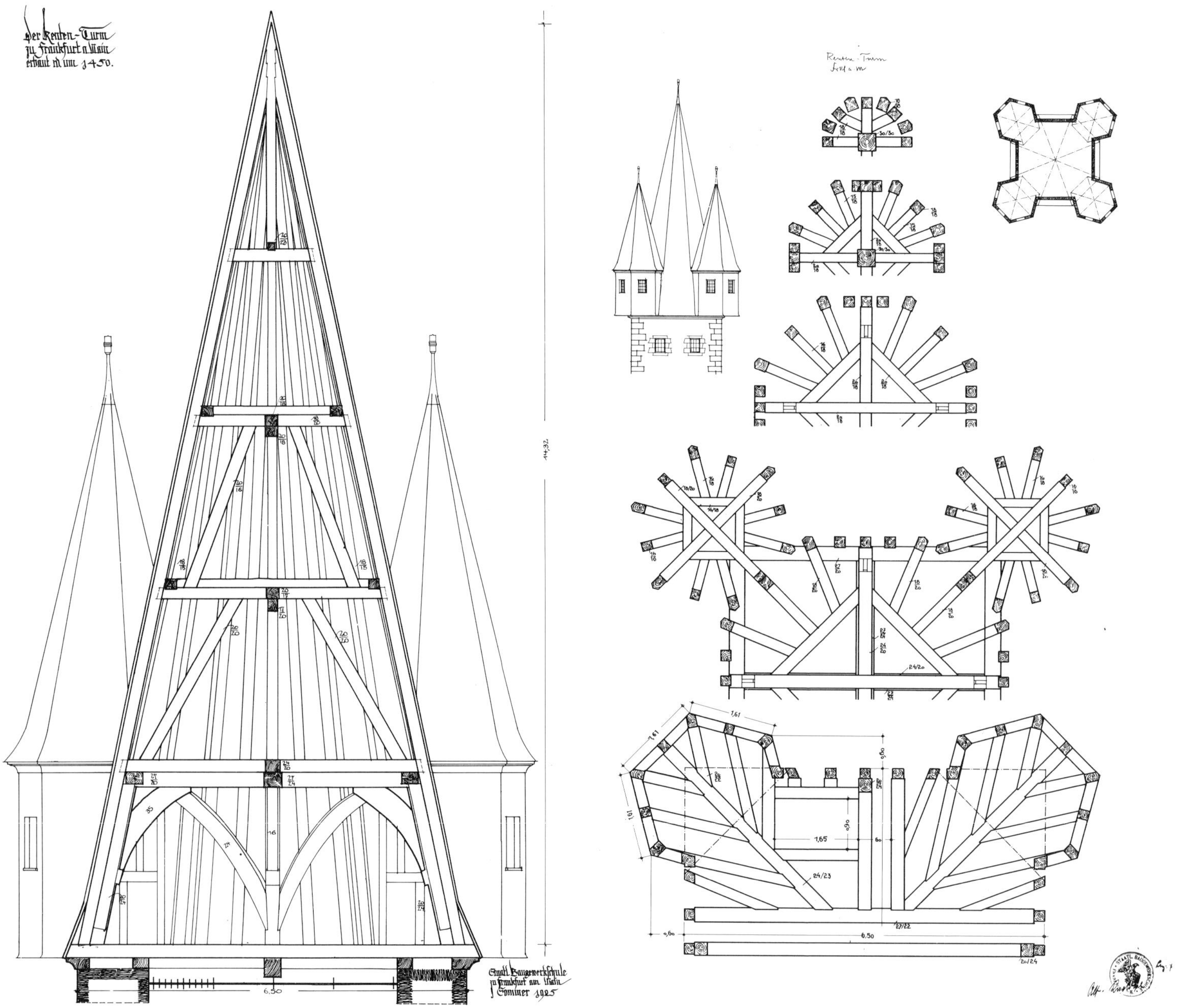

Der Dachstuhl des Rententurms, von Zimmermeister Heinze Monkeler 1455 verzimmert, zeigt neben vielen Fachwerken das handwerkliche Können Frankfurter Zimmermeister.

IV. Zimmererhandwerk und Bauordnungen in Frankfurt

Wie in anderen deutschen Städten hatten sich auch in Frankfurt die Handwerker im 11. und 12. Jahrhundert zunächst in religiösen Bruderschaften zusammengeschlossen. Aus diesen Bruderschaften entstanden dann im 12. und 13. Jahrhundert die Handwerkerzünfte als Gewerbegenossenschaften. Da in jener Zeit, abgesehen von den mit Ewigkeitsansprüchen versehenen Kirchen, kaum Steingebäude errichtet wurden, lag die Gestaltung der Stadt praktisch in den Händen der Zimmermeister. Zur Überwachung und Einhaltung administrativer Vorgaben bediente sich der Rat der Stadt ausgewählter Handwerksmeister. So war die Begutachtung von Rissen und Plänen für Neu- und Umbauten wie auch von Bauschäden und Bauvergehen Aufgabe der „Geschworenen des Maurer- und Zimmererhandwerks". Die Zusammenkünfte der Zünfte fanden in eigenen Zunfthäusern, zum mindesten in Zunftstuben, statt. Das Vermögen einer Zunft sowie wichtige Dokumente wurden in der Zunftlade vom Alt- oder Zunftmeister bewahrt und verwaltet.

Die Zünfte waren streng geordnet, die Grenzen des Zunftbereichs waren die Stadtgrenzen. Alle ansässigen Meister mußten der Zunft angehören, dafür hatte die Zimmererzunft das Monopol, alle Zimmerarbeiten durchführen zu dürfen. Rechte und Pflichten der Zunft waren in Zunftordnungen festgelegt, die im Mittelalter meist gleichzeitig Bauordnungen waren. Die Verordnungen des Rats an die Zimmerleute umfaßten Vorschriften zum allgemeinen Benehmen, über Ausbildung, Wanderjahre, Meisterprüfung, Arbeitszeit, Qualität der Zimmerarbeiten, Mängelhaftung, Vermeidung unlauteren Wettbewerbs, Gebühren sowie die Zunftgerichtsbarkeit.

Eine der frühesten Verordnungen des Frankfurter Rats an die Zimmerleute entstand um 1355. Offensichtlich waren bis dahin in Frankfurt Zimmerleute, Dachdecker und Steinmetzen – also praktisch das Bauhauptgewerbe – in einer Zunft vereint, denn im ersten Satz der Verordnung heißt es: „Auch hant die zymmerlude, die steyndeckere und die steynmetzen eyne zunfft mit einandir, die zunfft sal allir dinge abe sin." Die Zunftordnung, für die die Zimmermeister Conrad Odenweldir und Fritze und Herman von Burnheim den Eid vor Schöffen und Rat leisteten, beinhaltete Vorschriften über die Aufnahme in die Zunft, Einhaltung der Zunftregeln, Strafen bei Zuwiderhandlungen und genaue Bestimmungen, daß z. B. jeder Meister nur einen Lehrjungen halten sollte und „kein Hurensohnes Geld" annehmen durfte.

Die Zimmerleuteordnung von 1424 führt nicht nur Berufsregeln auf, sondern bestimmt auch weitgehend die Einordnung von Zimmermeistern und Gesellen in die Gesellschaft bzw. deren Verhältnis zueinander. Die Ordnung wurde mehrfach durch Nachträge erweitert und erreichte mit diesen bis zum Jahre 1583 den stattlichen Umfang von 54 Artikeln. Daß es sich mehr um ein Gesetz als um einfache Regeln handelte, bezeugen die ersten Sätze: „Nota diß hernach geschriben sin die gesetze der zymmerlude, die ine der rad zu Franckenfurd von gnaden erleubet hat anno domini mccccxxiiii 1. Zum ersten, daz alle, die daz zymmerhandwerck triben, in guten truwen globen sollen und zun heiligen sweren sollen, den burgermeistern und rade zu Franckenfurd, unserm gnedigen herren, dem romischen kunige, kunig Sigmund, als eim romischen kunige irme rechten herren getruwe und gewere zu sin und den scheffen und dem rade zu Franckenfurd gehorsam und bijstendig zu sin und nit wyder sie zu tun . . .". Zu den wichtigsten Vorschriften gehörte,

daß jeder, der in Frankfurt Zimmermeister werden wollte, vorher den Bürgereid abzulegen hatte;

daß ein Fremder, der länger als einen Monat in Frankfurt arbeiten wollte, Bürger werden mußte und darüber vorher mit dem Rat und der Zunft zu verhandeln hatte;

daß Lehrjungen Lehrgeld zu zahlen hatten;

daß es verboten war, einem Konkurrenten die Knechte auszuspannen: „. . . Auch sal kein meister odir knecht umb des andern meisters gesinde werben odir ime abespannen . . .", sowie

Regeln zum Benehmen in der Öffentlichkeit, für die Feiertage sowie für Arbeitsbeginn und Arbeitsende.

Auch das exakte Einmessen von Neubauten, die Überhänge – der unterste höchstens 1 Elle breit und nur ein weiterer mit maximal dreiviertel Ellen Breite –, der Anbau von Erkern und die Überwachung der Einhaltung von Vorschriften, waren festgelegt.

1513 wurden für die Meisterprüfung verlangt:

„Zum ersten, das eyner eyn ligen stule zu verryhen und denselben togelich und meisterlich ainzuziehen wießen und konnen soll.

Zum anndern, das eyner bewspindeln und schruben zu keltern oder, warzu man der bedarff, gnungsam und togelich machen konne.

Zum dritten, das eyner ziemlichen newen baw meisterlich und togelich zu machen und eynen yeden domit zu versagen wieße . . ."

1547 wurden, wie vorher schon in der Altstadt, auch für die Neustadt Schindeldächer verboten.

1589 schlossen sich die Frankfurter Zimmerleute mit den Wagnern in einer Zunft zusammen, und der Rat erließ für diese Zunft 1593 eine neue Ordnung. Zu den Bestimmungen gehörten wieder der Eid vor dem Rat, weiter die Wehrpflicht; die Hilfspflicht bei Bränden und Aufständen; die Voraussetzungen, um Lehrjunge werden zu können; die Festlegung, daß jeder Meister nicht mehr als 3 Gesellen und einen Lehrjungen oder 4 Gesellen halten sollte; die Bestimmung, daß ein Meister nicht mehr als den Auftrag für einen Bau annehmen sollte und erst nach Fertigstellung einen neuen Auftrag übernehmen durfte; Regelungen für fremde und ausländische Zimmerleute; Genehmigungspflicht für alle an öffentlichen Straßen liegende Bauten; Verschärfung der Regelungen zu den Überhängen derart, daß diese für schmale Gassen ganz verboten wurden; Bestimmungen, daß bei Umbauten die alten großen Überhänge auf die neuen Maße abgeändert werden mußten, die Dächer nur mit Schiefer auf Schalung eingedeckt werden durften sowie neue Regelungen für die Meisterprüfung.

Im 16. Jahrhundert wurde bei stark steigender Bautätigkeit den Zimmermeistern erlaubt, beliebig viele Gesellen und zwei Lehrjungen einzustellen.

Die Zimmerleute betrieben ihr Handwerk unter freiem Himmel. Die großen Zimmerplätze, auf denen das Holz zugerichtet (abgebunden) wurde, befanden sich bei der Hasengasse, am Zimmergraben, am „Heißen Stein" – heute Rathenauplatz – und der sogenannte große Zimmerhof am Großen Hirschgraben.

Die Zimmerergesellen hatten sich in selbständigen Bruderschaften und Gesellenbünden (Sozietäten) zusammengeschlossen. Ihr Patron war der Hl. Josef. Bei einheitlicher Kluft der Zimmerleute – schwarze ausgestellte Manchesterhosen, schwarze Weste mit acht Perlmuttknöpfen und großer schwarzer Schlapphut – unterschieden sich die Bruderschaften in der Farbe ihrer Krawatten. Die Regeln für die Gesellen und ihre Zusammenkünfte in den Gesellenstuben waren teilweise in den Zunftordnungen enthalten, teilweise in besonderen Ordnungen aufgeführt. Aus beiden geht hervor, daß es in den Gesellenstuben oft rauh zuging und Regelungen dringend notwendig waren. Nach den Aufständen der Zünfte unter Vinzenz Fettmilch zwischen 1612 und 1616 begann der Zusammenhalt der Zünfte abzunehmen, bis sie im 19. Jahrhundert schließlich aufgehoben wurden.

Wichtige Baubestimmungen erließ der Rat zunächst als Einzelverordnungen. Solche Ratsverordnungen wurden dann jeweils in der darauffolgenden Zunftordnung detailliert festgelegt. Da diese Bauordnungen die Fachwerkentwicklung stark beeinflußten, folgen in chronologischer Reihe nochmals die wichtigsten Daten:

1386, 1439 und 1466 Ratsverordnungen mit dem Verbot von Strohdächern,

1418 Ratsverordnung, mit der die Zahl der Überhänge auf maximal zwei eingeschränkt wurde,

Herbergsschild der Zimmer- und Tischlergesellen aus Sachsenhausen, heute im Historischen Museum.

1424 Zimmerleuteordnung, in der die Regelungen der Ratsverordnung von 1418 übernommen wurden,

1433 Ratsverordnung, nach welcher in schmalen Gassen Überhänge ganz verboten wurden – Befreiungen waren jedoch ausdrücklich möglich –

1438 Zimmerleuteordnung, die die Ratsverordnung von 1433 übernahm. Abbruch und/oder Neubau waren nur nach vorheriger Besichtigung durch die „Baugeschworenen" möglich.

1470 Kaiserliche Verordnung, daß baufällige Häuser bzw. öde Plätze binnen einem Jahr wieder herzustellen oder zu bebauen waren.

1474 Ratsverordnung mit dem Verbot von Schindeldächern,

1547 Zimmerleuteordnung mit der Einschränkung für die Ausladung der Schöpfe (Wetterdächer über den Haustüren) auch in der Neustadt auf maximal fünf Werkschuh und zwei Zoll sowie Verbot der Schindeldeckung,

1593 Zimmerleuteordnung, die die alten Vorschriften wieder aufnahm.

Ältere weite Auskragungen waren bei Umbauten auf das Regelmaß zu reduzieren,

1711 Bauordnung nach dem großen Judenbrand: Fachwerkhäuser durften nur noch mit massivem Erdgeschoß errichtet werden,

1719 Bauordnung nach dem großen Christenbrand: Einschränkung auf nur einen Überhang mit maximal einem Fuß Breite,

1809 Bauordnung, die den Fachwerkbau in Frankfurt praktisch beendete. In § 9 hieß es: „Alle neuen Häuser sollen nicht anders, als ganz in Stein gebaut werden. Dem Bauamt ist jedoch verstattet, nach Beschaffenheit der Umstände, die Aufführung der zweiten und höheren Stockwerke in Holz nachzusehen und zu bewilligen, doch so, daß zu der Fassade kein anderes, als Eichenholz gebraucht werden darf, zu den Riegelwänden hingegen auch Tannen- und Kiefernholz genommen werden mag und die Gefache mit gebakkenen Steinen gemauert werden müssen. In jedem Fall muß der unterste Stock oder gleicher Erde, sowohl gegen die Straße als gegen den Hof in Stein ausgeführt werden."

Von den Zimmermeistern sind nur einige herausragende Namen, wie um 1355 Conrad Odenweldir und Meystir Fritze und Herman von Burnheim, die den Eid auf die Zimmerleuteordnung ablegten, Heinze Monkeler, der 1455 den Dachstuhl des Rententurms zimmerte und Cunrat Bimeroser de Heidelberg, der um 1545 das Fachwerk des Hauses Gadeneck errichtete, sowie eine Reihe von Meistern aus Höchst bekannt. Die Tradition kontinuierlicher Zimmermannskunst ist nicht nur in den ausgeführten – zum großen Teil inzwischen untergegangenen – Fachwerken zu verfolgen, sondern z. B. auch im Lehrwerk des Frankfurter Meisters Johann Wilhelms: „Beschreibung und Vorreissung vieler vornehmer Dachwerck / als hoher Helmen / Creutzdächer / Wiederkehrungen / Welcher Hauben / auch Kelter / Fallbrücken: . . .", das 1668 erstmalig in Nürnberg verlegt wurde bis zum Wirken des „Fachwerkprofessors" Schad in den Jahrzehnten zwischen 1920 und 1950. Im Werk des „Johann Wilhelm, weitberümbt und Kunstverständigen, Meister in des Heiligen Römischen Reichs-Stadt Franckfurt am Mayn" wird deutlich, wie vielfältig die Arbeiten der Zimmerleute waren: Fachwerke, Dachstühle, Türme, Brücken und Fallbrücken, Keltern, Pressen, Hebewerkzeuge und Kräne gehörten zu den ständigen Aufgaben.

V. Fachwerke im Stadt- und Dorfbild, Freilegungen, Untersuchungsmethoden

In der zweiten Hälfte des 18. Jahrhunderts, in den früheren Dörfern rund um Frankfurt – jetzt Frankfurter Stadtteilen – mehr noch im 19. Jahrhundert, setzte eine für die bis dahin dominierende Fachwerkbauweise stark rückläufige Bewegung ein. Wegen angeblicher Brandgefahr, mehr noch aus dem Wunsch heraus auch Fachwerkgebäude als Steinhäuser darzustellen, wurde der weitaus größte Teil aller Fachwerke verputzt. Vielfach fügte man den Fachwerkkonstruktionen dabei durch Abschlagen von Profilen, Herausnahme von Schmuckhölzern, aber auch durch zu dicke oder zu dichte, luftabschließende Putze mit der Gefahr von Fäulnis, schwerste Schäden zu.

Mit der leider sehr späten allgemeinen Rückbesinnung auf die Werte gewachsener Dorf- und Stadtbilder Anfang der Siebziger Jahre, insbesondere aus der Empörung über phantasielose, öde oder maßstablose Neubauten, wuchs auch das Interesse für Fachwerke wieder weit über das rein wissenschaftlich-kunsthistorische Interesse hinaus. Der stadt- und landschaftsgestaltende Wert kleinmaßstäblicher Fachwerke wird wieder geschätzt und erfreut sich in breitesten Bevölkerungsschichten unter dem Aspekt humaner wohnlicher Atmosphäre größter Beliebtheit. Durch Veranlassung, fachliche Unterstützung und Zuschüsse des Referats für Denkmalpflege der Stadt Frankfurt konnten in den letzten Jahren mehr als 100 Fachwerke im Stadtgebiet wieder freigelegt oder saniert werden. In den mehr als 3000 noch verputzten Fachwerken der Frankfurter Stadtteile liegt ein großes stadtgestalterisches Guthaben, das nur durch Freilegungen erschlossen werden muß. Leider fallen in nicht denkmalgeschützten Bereichen pro Jahr immer noch mehrere Dutzend, Fachwerkgebäude den Abbruchraupen zum Opfer.

Die bis jetzt schwerpunktmäßig in Höchst, Seckbach, Niederursel, Nieder-Erlenbach und Bergen durchgeführten Freilegungen verputzter Fachwerkgebäude ergeben bereits heute ein so geschlossenes Bild, daß die früheren Dorfbilder wieder spürbar werden. Neben dem nicht hoch genug anzusetzenden Vorteil, daß bei Fachwerkfreilegungen die Gebäude wieder als Fachwerk erlebt werden und mit jeder Freilegung ein Beitrag zur Stadtbildgestaltung geleistet wird, darf nicht übersehen werden, daß mit der Freilegung die Gefahren der Fäulnis durch zu dichte Putze gebannt sind und das Fachwerk zukünftig leicht überwacht und gepflegt werden kann. Nur wenige Fachwerke eignen sich wegen ihrer

Burggraben 2a und 4 vor und nach der Freilegung. Das Fachwerk wurde aufgrund einer Infrarotaufnahme festgestellt.

konstruktiven Merkmale – sie waren dann von Anfang an nicht als Sichtfachwerke gedacht – nicht zur Freilegung.

Parallel zu einer vertieften Fachwerkforschung konnten die Untersuchungs- und Instandsetzungsmethoden in den letzten Jahren erheblich verbessert und verfeinert werden.

Zur Feststellung unter Putz liegenden Fachwerks mußten früher in einem aufwendigen Verfahren Gerüste gestellt und der Verputz mindestens partiell abgeschlagen werden. Außer dem Nachteil des Bauaufwandes mußte bei nicht freilegungswürdigem Fachwerk dann der Verputz wieder ergänzt oder gänzlich erneuert werden. Mit Hilfe eines Infrarotaufnahmesystems, das das unterschiedliche Wärmeleitvermögen und die damit unterschiedliche Wärmeabstrahlung von Baumaterialien ausnützt, lassen sich Fachwerkkonstruktionen unter Verputz heute zerstörungsfrei, d.h. ohne daß der Putz beschädigt wird, feststellen. Das Referat für Denkmalpflege läßt seit einigen Jahren die alten Kerne der Stadtteile mittels Infrarotreihenuntersuchungen unter Beteiligung des Autors untersuchen und die Ergebnisse in Form von Sofortbildern bzw. Zeichnungen fixieren. Damit ist es nicht nur möglich für jedes einzelne Haus die Fragestellung einer eventuellen Freilegung schnell zu beantworten, sondern darüber hinaus längerfristige stadtgestalterische Konzepte für schwerpunktmäßige Freilegungen zu entwickeln.

Die exakte Datierung von Fachwerkhäusern wird mittels dendrochronologischer Untersuchung, d. h. vergleichender Untersuchungen der Jahrringbreiten der Holzstämme und Feststellung der Fälldaten, durchgeführt. Im günstigsten Falle lassen sich dendrochronologische Datierungen mit der Genauigkeit eines halben Jahres erzielen. Wichtig für eine präzise Datierung ist die Auswahl und Bearbeitung des Holzpräparates, u. U. nur eines Bohrkernes.

Die Techniken der Freilegung selbst, also Instandsetzung eventuell von tierischen oder pflanzlichen Holzschädlingen angegriffener Holzteile, Verputz bzw. Ausmauerung und Verputz der Gefache sowie der Anstrich von Fachwerkhölzern und Gefachen beruhen auf den tradierten handwerklichen Techniken. Zur Rationalisierung der Arbeitsgänge, wie auch zur langfristigen Haltbarkeit der Materialien trotz Witterungseinflüssen und aggressiven Bestandteilen in der Luft und in Niederschlägen, müssen Material und Technik den entsprechenden Erfordernissen angepaßt werden. So können nicht in allen Fällen die alten und im Normfall anzuwendenden Holzverbindungen hergestellt werden, sondern es müssen kraftschlüssige Verbindungen mit Nagelblechen und Stahlformteilen hergestellt werden. Kalkanstriche auf Lehmausfachungen bieten den aggressiven Bestandteilen der Atmosphäre nicht genügend Widerstand, deshalb sind nicht zu harte, widerstandsfähige Putze auf eigenen Putzträgern anzuordnen. Schließlich und selbstverständlich muß insbesondere neues, ersetztes Holz mit Holzschutzmitteln behandelt werden und die Anstriche auf Holz und Gefachen genügend wasserdampfdurchlässig sein, um die in geringem Maße eintretende Feuchtigkeit nicht einzuschließen, sondern wieder ausdünsten zu lassen.

Aus Gründen der „Bauehrlichkeit“, wie der optischen Wirkung, vielfach jedoch auch zur Vermeidung zukünftiger Baumängel am Fachwerk, sind Fachwerkimitationen, Brettaufdoppelungen und die Verkleidung von

Fachwerken mit Aluminium-, Kunststoff- oder Asbestzementplatten – mit der Ausnahme von Asbestzementschiefer als Ersatz für Naturschiefer – nicht mit dem Baugefüge Fachwerk in Einklang zu bringen und grundsätzlich abzulehnen.

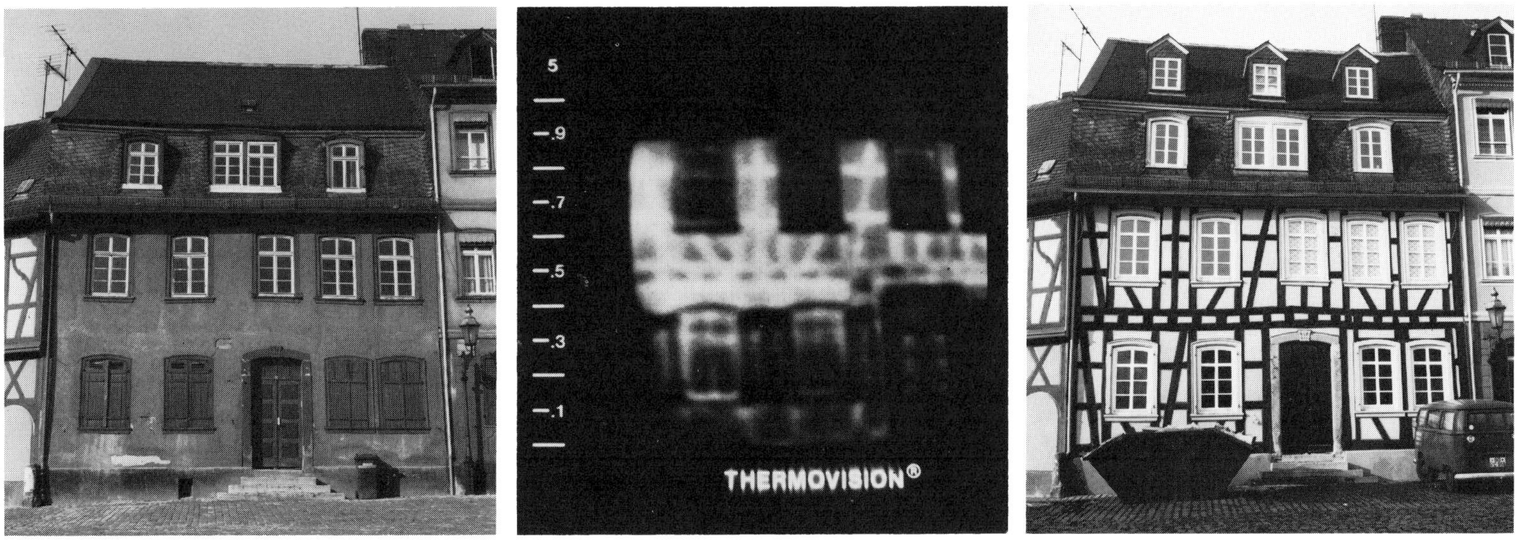

Schloßplatz 10 in verputztem Zustand, Infrarotsofortbild von der Fassade und nach der Freilegung.

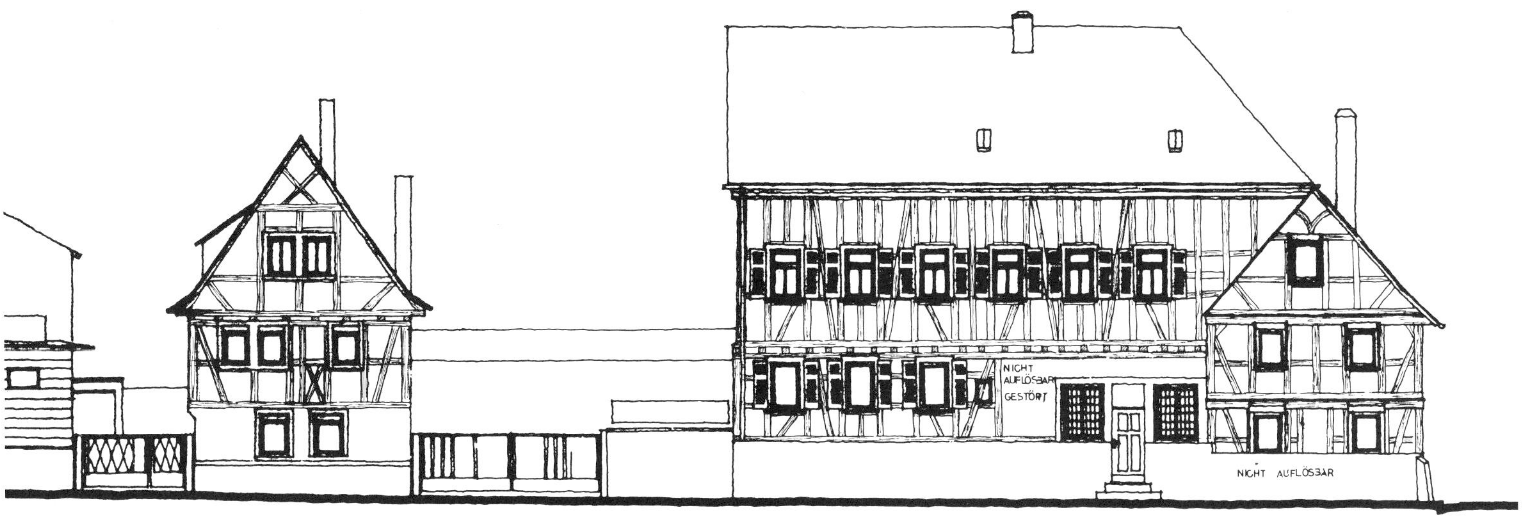

Seckbach, Wilhelmshöherstraße.
Durch Infrarotaufnahmen ermitteltes Fachwerk wurde in die Straßenabwicklung eingezeichnet.

VI. Katalog

Der Katalog freiliegender Fachwerke in Frankfurt und seinen Stadtteilen ist nach den früheren Gemarkungs-, den heutigen Stadtteilgrenzen, geordnet. Stichtag für die Aufnahme war der 30. Juni 1979. Es wurden alle wesentlichen Fachwerke aufgenommen, bei welchen größere Teile freiliegen. Nicht miteinbezogen – mit einigen Ausnahmen – sind Fachwerke, die bis auf geringste Teile oder vollständig unter Verputz liegen, das einfache Fachwerk von kleineren Nebengebäuden und Scheunen sowie viele hundert gründerzeitliche Fachwerke, besonders in Giebeln, da diese schon in einem hohen Grade rein dekorative Zwecke erfüllen. Etwa ein Dutzend Fachwerke aus der Gründerzeit wurde zur Dokumentation mit aufgenommen, sie zeigen, wie die früheren Formen umgesetzt wurden.

Auch einige wenige verputzte Fachwerke sind im Katalog enthalten. Hierbei handelt es sich um kunsthistorisch bedeutende Objekte, deren Freilegung in Kürze erwartet werden darf. Es ist zu hoffen, daß insgesamt durch fortlaufende Freilegungen der Katalog schon bald erweitert werden muß. Bereits heute prägen in einigen Stadtteilen große freiliegende Fachwerkbestände die Ortsbilder. In Seckbach liegen 48 Fachwerke frei, allein in der Wilhelmshöher Straße 15 und in der Hofhausstraße 9, in Höchst sind es 30, sieben davon in der Bolongarostraße, in Niederursel 29 mit allein 13 in Alt-Niederursel und in Bergen liegen 25, davon 14 in der Marktstraße frei.

Innenstadt und innenstadtnahe Bereiche

Alte Gasse 24, wahrscheinlich 1546, 2 Geschosse, Erdgeschoß untermauert, zweiseitig von Straßen umgeben, Satteldach mit großer Gaube und kleineren Gauben, noch verputzt, die starke Auskragung des ersten Obergeschosses mit kurzen Knaggen, an der Ecke gebündelt, verriegelt.

August-Siebert-Straße 20, um 1885, 2 Geschosse, auf massivem Erdgeschoß Fachwerkobergeschoß, zweiseitig von Straßen umgeben, Walmdach und Satteldach, geschweifte Kurzstreben mit Nasen, Architekt Franz von Hoven.

Eschenheimer Anlage 24, 19. Jahrhundert, mehrgeschossiger Massivbau mit großem einseitigen Fachwerkzwerchhaus zur Straße, Einzelverstrebung der Ständer in der Art niedersächsischer Fachwerkbauten, Ausschmückung durch Kopfwinkelhölzer, negative Rauten und viertelkreisförmige Fußwinkelhölzer.

Bleichstraße 48, 19. Jahrhundert, Massivbau mit zweigeschossigem Fachwerkgiebel an der Rückseite, Krüppelwalmdach auf Fachwerkgiebel, Streben halbgeschoßhoch gegeneinander gestellt, ausgeschmückte Brüstungsfelder sowie gebogene Kurzstreben im oberen Giebelteil.

Fahrtor 1, Haus Wertheim, um 1600, 3 Geschosse, Erdgeschoß massiv, zweiseitig von Straßen umgeben, Satteldach mit Nase und im 20. Jahrhundert aufgesetzten großen Gauben, Verstrebung mit halben und ganzen Männern, feingeschnitzte Eckständer im ersten und zweiten Obergeschoß, Zierknaggen, an der Ecke gebündelt, als Brüstungsschmuck: Feuerböcke, von Andreaskreuzen durchkreuzte Kreise, von Andreaskreuzen durchkreuzte Rauten und Fußwinkelhölzer.

Finkenhofstraße 28, 19. Jahrhundert, zweieinhalb Geschosse, Erdgeschoß massiv, Hinterhaus, Streben zwischen Schwelle und Rähm, sowie Kurzstreben und Andreaskreuz.

Kleine Bockenheimer Straße 10, 18. Jahrhundert, 3 Geschosse, Traufseite zur Straße, Satteldach, keine Verstrebung sichtbar.

Kleine Bockenheimer Straße 12, 17. Jahrhundert, 3 Geschosse, Traufseite zur Straße, Satteldach mit großem Zwerchhaus, Kurzstreben in den Fensterbrüstungen.

Röderbergweg 96, Ende 19. Jahrhundert, 2 Geschosse, auf massivem Erdgeschoß Fachwerkobergeschoß, zweiseitig von Straßen umgeben, Krüppelwalmdach und Turm, zahlreiche ausschmükkende Hölzer, Kurzstreben, in der Schwelle Treppenfries.

Bergen

Am Berger Spielhaus 4, 1670, 2 Geschosse, Giebel zur Straße, Satteldach mit Krüppelwalm, Streben zwischen Schwelle und Rähm, mehrfach verändert.

Am Günthersbrunnen 23, 18. Jahrhundert, 2 Geschosse, dreiseitig von Straßen umgeben, Satteldach mit Krüppelwalm, Streben von Schwelle bis zum Rähm und Kurzstreben.

Am Michlersbrunnen 11, 18. Jahrhundert, 1 Geschoß, Giebel zur Straße, Satteldach, teilweise gebogene Hölzer, Streben zwischen Schwelle und Rähm und Kurzstreben.

Am Michlersbrunnen 12, 18. Jahrhundert, 1 Geschoß, Giebel zur Straße, Satteldach, Streben zwischen Schwelle und Rähm und Kurzstreben.

Gangstraße 31, 19. Jahrhundert, 2 Geschosse, Traufe zur Straße, Satteldach, Streben zwischen Schwelle und Rähm und Kurzstreben.

Gangstraße 32, 18. Jahrhundert, 1 Geschoß mit Kniestock, Giebel zur Straße, Satteldach, Streben zwischen Schwelle und Rähm, Erdgeschoß teilweise untermauert.

Im Sperber 24, 19. Jahrhundert, 3 Geschosse, Erdgeschoß massiv, Traufe zur Straße, Walmdach, Streben zwischen Schwelle und Rähm und Kurzstreben.

Marktstraße 23, 19. Jahrhundert, 1 Geschoß, Giebel zur Straße, Satteldach, Streben zwischen Schwelle und Rähm, wurde früher wahrscheinlich als Scheune genutzt.

Marktstraße 31, 18. Jahrhundert, 2 Geschosse, Erdgeschoß teilweise untermauert, Giebel zur Straße, Satteldach, Streben zwischen Schwelle und Rähm sowie Kurzstreben.

Marktstraße 34, 19. Jahrhundert, 3 Geschosse, 2 Geschosse massiv, Giebel zur Straße, Satteldach, Streben zwischen Schwelle und Rähm, seltenes Fachwerkbild im Giebel, Fachwerk stark verändert oder aufgedoppelt.

Marktstraße 39, 17./18. Jahrhundert, 2 Geschosse, Giebel zur Straße, Satteldach, große Schleppgaube aus jüngster Zeit, Streben zwischen Schwelle und Rähm und Kurzstreben, starke Veränderung des Fachwerks.

Marktstraße 41, 20. Jahrhundert, 2 Geschosse, Erdgeschoß massiv, Giebel zur Straße, Satteldach, Streben zwischen Schwelle und Rähm, Fußbänder.

Marktstraße 44, 18. Jahrhundert, 2 Geschosse, Giebel zur Straße, Satteldach, Streben zwischen Schwelle und Rähm, Kurzstreben, mit Zahnleiste und Andreaskreuz geschmückt.

Marktstraße 46, 16. Jahrhundert, 2 Geschosse, Traufseite zur Straße, Satteldach, im Obergeschoß konvex gebogene geschoßhohe Fußstreben und halbgeschoßhohe gerade Gegenstreben, im später ausgewechselten Erdgeschoß Streben zwischen Schwelle und Rähm und Kurzstreben, Schwellriegelkonstruktion, 1978 freigelegt.

Marktstraße 48, 18. Jahrhundert, 2 Geschosse, Giebel zur Straße, Satteldach, Schwellriegelkonstruktion, Streben zwischen Schwelle und Rähm und Kurzstreben, teilweise gebogene Hölzer, Fachwerkbild durch große Fenster gestört, 1978 freigelegt.

Marktstraße 50, Alte Post, 18. Jahrhundert, 2 Geschosse, Erdgeschoß untermauert, Giebel zur Straße, Satteldach, Streben zwischen Schwelle und Rähm, zahlreiche ausschmückende Hölzer, 1978 freigelegt.

Marktstraße 57, 18. Jahrhundert, 2 Geschosse, Traufseite zur Straße, Satteldach, Streben zwischen Schwelle und Rähm, Erdgeschoß untermauert, 1978 freigelegt.

Marktstraße 58, 19. Jahrhundert, 2 Geschosse, Erdgeschoß untermauert, Traufseite zur Straße, Satteldach mit Zwerchhaus, Streben zwischen Schwelle und Rähm.

Marktstraße 75, 19. Jahrhundert, 1 Geschoß, Giebel zur Straße, Satteldach mit Krüppelwalm, Streben zwischen Schwelle und Rähm sowie Kurzstreben.

Marktstraße, Rathaus, 1520–1530, 2 Geschosse, Erdgeschoß massiv, ehemalige gotische Gerichtshalle, allseitig von Straßen umgeben, Satteldach mit Nasenausbildung, geschoßhohe konvex gebogene Streben und halbgeschoßhohe gerade Gegenstreben, Fachwerkerker, barocker Dachreiter.

Röhrborngasse 2 a, 20. Jahrhundert, 3 Geschosse, Traufseite zur Straße, Satteldach, durch zahlreiche gebogene Schmuckhölzer skurriles Fachwerk, Erdgeschoß massiv.

Marktstraße 84, 18. Jahrhundert, 2 Geschosse, Giebel zur Straße, Satteldach mit Krüppelwalm, Streben zwischen Schwelle und Rähm sowie Kurzstreben.

Röhrborngasse 5, 19. Jahrhundert, 2 Geschosse, Traufseite zur Straße, Satteldach mit Krüppelwalm, Streben zwischen Schwelle und Rähm sowie Kurzstreben, Fachwerk teilweise aufgedoppelt.

Röhrborngasse 1, 19./20. Jahrhundert, 2 Geschosse, Erdgeschoß massiv, versetztes Satteldach, Streben zwischen Schwelle und Rähm, dünne Hölzer, mehrfach verändert.

Röhrborngasse 12, 18. Jahrhundert, 2 Geschosse, Giebel zur Straße, Satteldach mit Krüppelwalm, Streben zwischen Schwelle und Rähm sowie Kurzstreben, Erdgeschoßfachwerk durch Einbau neuer Fenster gestört.

Bockenheim

Bockenheimer Warte, Bockenheimer Landstraße, um 1480, achteckiges Fachwerkgeschoß auf rundem, massivem Turmschaft, steiles Zeltdach, wandhohe Fußstreben und halbhohe Kopfstreben, gebogen.

Bonames

Alt-Bonames 2, 1608, 2 Geschosse, Giebel zur Straße, Satteldach mit Krüppelwalm, noch unter Putz liegend, erstes Obergeschoß weit überkragend, Scheune und Nebengebäude Sichtfachwerk aus dem 18. Jahrhundert.

Alt-Bonames 12, 18. Jahrhundert, 2 Geschosse, Traufseite zur Straße, Satteldach mit Krüppelwalm, Strebenanordnung in Mannform mit Gegenstreben, ausgeschmückt mit Rauten und Fünferkreuz in Brüstungsgefachen sowie Kurzstreben mit Nasen.

Homburger Landstraße 639, 19. Jahrhundert, 2 Geschosse, Erdgeschoß massiv, Traufseite zur Straße, Satteldach mit Kniestockausbildung, Streben von Schwelle bis zum Rähm, teilweise als geschoßhohe Andreaskreuze, weitere Andreaskreuze zur Ausschmückung, relativ dünne Hölzer.

Bornheim

Alt-Bornheim 11, 18. Jahrhundert, 2 Geschosse, Giebel zur Straße, Satteldach, Verstrebungen in Form halber und ganzer Männer, Kurzstreben und Streben zwischen Schwelle und Rähm, Schwellriegelkonstruktion, linker Eckständer unten verstärkt, Fenster im Giebeldreieck mit gebogenem Sturzriegel, Giebelständer mit Fußwinkelhölzern.

Berger Straße 257, 19. Jahrhundert, 2 Geschosse, Traufseite zur Straße, Satteldach mit Gauben, Streben zwischen Schwelle und Rähm, nur Giebelseite freigelegt.

Berger Straße 312, um 1750, 2 Geschosse, Erdgeschoß massiv, Traufseite zur Straße, Satteldach mit großem Zwerchhaus, Kurzstreben unter den Fensterbrüstungen.

Berger Straße 314, ehemaliges Rathaus, um 1750, 2 Geschosse, Traufseite zur Straße, Satteldach mit großem Zwerchhaus und Gauben, Erdgeschoß des Anbaus untermauert, Haupthaus: Kurzstreben in den Fensterbrüstungen, barocke Haustür, Fensterbekleidungen und Klappläden.

Berger Straße 351, 18. Jahrhundert, 2 Geschosse, Traufseite zur Straße, Satteldach mit Krüppelwalm, Streben zwischen Schwelle und Rähm.

Enkheimer Straße 6, 18. Jahrhundert, 2 Geschosse, Giebel zur Straße, Satteldach, Streben zwischen Schwelle und Rähm, Kurzstreben in den Fensterbrüstungen, Fachwerk evtl. aufgedoppelt.

Eulengasse 25, 18. Jahrhundert, 2 Geschosse, Giebel zur Straße, Satteldach, Giebelseite massiv, nur eine Traufwand liegt frei, Streben zwischen Schwelle und Rähm.

Enkheimer Straße 20, 18. Jahrhundert, 1 Geschoß, Giebel zur Straße, Satteldach mit Krüppelwalm, Streben zwischen Schwelle und Rähm sowie Kurzstreben in den Fensterbrüstungen.

Kleine Spillingsgasse 10, 18. Jahrhundert, 2 Geschosse, Giebel zur Straße, Satteldach, Erdgeschoß untermauert, nur eine Traufseite freiliegend, Kurzstreben in den Fensterbrüstungen.

Turmstraße 11, 18. Jahrhundert, 1 Geschoß, Giebel zur Straße, Satteldach, Streben zwischen Schwelle und Rähm, Kurzstreben im Giebel.

Neuer Weg 67, 19./20. Jahrhundert, 1 Geschoß, Traufseite zur Straße, Satteldach, Streben zwischen Schwelle und Rähm sowie Kurzstreben.

Eckenheim

Eckenheimer Landstraße 495, 18. Jahrhundert, 1 Geschoß, Giebel zur Straße, Satteldach, Streben zwischen Schwelle und Rähm sowie Kurzstreben in den Fensterbrüstungen.

Neuer Weg 69, 18. Jahrhundert, 2 Geschosse, Giebel zur Straße, Satteldach, Streben zwischen Schwelle und Rähm, schleppdachgedeckter massiver Anbau.

Enkheim

Alt-Enkheim 9, Alte Mühle, 1728, 2 Geschosse, Giebel zur Straße, Satteldach mit Krüppelwalm, Ziegelausfachung, Streben zwischen Schwelle und Rähm sowie Kurzstreben.

Neuer Weg 73, 18. Jahrhundert, 2 Geschosse, Giebel zur Straße, Satteldach, Streben zwischen Schwelle und Rähm.

Neuer Weg 76, 18. Jahrhundert, 1 Geschoß, Giebel zur Straße, Satteldach mit Krüppelwalm, Streben zwischen Schwelle und Rähm sowie Kurzstreben.

Riedstraße 5, 18. Jahrhundert, 2 Geschosse, Traufseite zur Straße, Satteldach, Streben zwischen Schwelle und Rähm, teilweise gebogene Hölzer, Erdgeschoß untermauert.

Riedstraße 30, 17. Jahrhundert, 2 Geschosse, Giebel zur Straße, teilweise sowohl waagrecht als auch senkrecht durchgehende und überblattete Hölzer.

Riedstraße 31, 16. Jahrhundert, 2 Geschosse, Traufseite zur Straße, Satteldach, geschoßhohe Fußstreben zwischen Schwelle und Rähm und halbgeschoßhohe Gegenstreben.

Riedstraße 37, 17. Jahrhundert, 2 Geschosse, Traufseite zur Straße, Satteldach, Strebenanordnung mit stark gebogenen Hölzern.

Triebstraße 4, 19. Jahrhundert, 2 Geschosse, Giebel zur Straße, Satteldach, Streben zwischen Schwelle und Rähm sowie Kurzstreben, massiver Treppenhausanbau.

Triebstraße 40, 19./20. Jahrhundert, 2 Geschosse, Erdgeschoß massiv, Traufseite zur Straße, Satteldach mit Krüppelwalm, Streben zwischen Schwelle und Rähm, sehr dünne Hölzer.

Fechenheim

Alt-Fechenheim 88, 18. Jahrhundert, 2 Geschosse, Giebel zur Straße, Satteldach mit Krüppelwalm, Erdgeschoß teilweise untermauert, Streben zwischen Schwelle und Rähm sowie Kurzstreben in Fensterbrüstungen, verschiedene Veränderungen.

Alt-Fechenheim 123, 18. Jahrhundert, 2 Geschosse, zweiseitig von Straßen umgeben, Satteldach mit Krüppelwalm, Strebenanordnung in Mannform mit Gegenstrebe sowie durchgehende Streben zwischen Schwelle und Rähm, Erdgeschoß untermauert.

Alt-Fechenheim 116/118, 19. Jahrhundert, 2 Geschosse, Doppelhaus, Traufseite zur Straße, Satteldach mit Krüppelwalm und großem Zwerchhaus, Streben zwischen Schwelle und Rähm sowie Kurzstreben in den Fensterbrüstungen, Zahnleisten als Schmuck, Erdgeschoß links und rechts der großen Durchfahrt stark verändert.

Alt-Fechenheim 132, 18. Jahrhundert, 2 Geschosse, Traufseite zur Straße, Satteldach, Erdgeschoß untermauert und stark verändert, Streben zwischen Schwelle und Rähm sowie Kurzstreben.

Ankergasse 5, 18. Jahrhundert, 2 Geschosse, Giebel zur Straße, Satteldach mit Krüppelwalm, Strebenanordnung in Mannform sowie durchgehende Streben zwischen Schwelle und Rähm.

Am Leinritt 2, 18. Jahrhundert, 2 Geschosse, Giebel zur Straße, Satteldach, Straßengiebel massiv, Streben zwischen Schwelle und Rähm.

Am Leinritt 10, 18. Jahrhundert, 2 Geschosse, Giebel zur Straße, Satteldach mit Krüppelwalm, Streben zwischen Schwelle und Rähm sowie Kurzstreben in den Fensterbrüstungen, Traufseite Erdgeschoß teilweise untermauert.

Burglehen 2, 1734, 1 Geschoß, Giebel zur Straße, Satteldach mit Krüppelwalm, Streben zwischen Schwelle und Rähm sowie Kurzstreben in Brüstungsfeldern und Giebel, Giebel und Wandteile teilweise untermauert.

Burglehen 10, 18./19. Jahrhundert, 2 Geschosse, Giebel zur Straße, Satteldach, früher eingeschossiges Haus, wurde im 19. Jahrhundert, aufgestockt, Streben zwischen Schwelle und Rähm sowie Kurzstreben.

Leinwebergasse 5, 18. Jahrhundert, 2 Geschosse, Giebel zur Straße, Satteldach, Erdgeschoß untermauert, Strebenanordnung in Mannformen mit Gegenstreben, Kurzstreben in Fensterbrüstungen, die Brüstungen der Giebelseite mit Rauten und Fünferkreuz geschmückt.

Pfortenstraße 1, Rathaus, 1902, Fachwerkzwerchhaus auf Massivbau, Wellgiebel, zahlreiche Schmuckhölzer.

Harheim

Korffstraße 23, 19. Jahrhundert, 2 Geschosse, Traufseite zur Straße, Satteldach mit Freigespärre, Streben zwischen Schwelle und Rähm sowie Kurzstreben in den Fensterbrüstungen.

Heddernheim

Alt-Heddernheim 11-13, 18. Jahrhundert, 2 Geschosse, Erdgeschoß untermauert, Traufseite zur Straße, Satteldach, Verstrebungen in Form von Männern mit geschweiften Gegenstreben sowie Streben in K-Runenform und Kurzstreben, Rähm durch zu große Blende verdeckt.

Nistergasse 19, 18. Jahrhundert, 2 Geschosse, Traufseite zur Straße, Satteldach, ursprünglich zwei Häuser, Erdgeschoß verputzt, Verstrebungen in Form von K-Runen (halben Männern), Kurzstreben und Streben zwischen Schwelle und Rähm.

Höchst

Albanusstraße 5, 18. Jahrhundert, 2 Geschosse, zweiseitig von Straßen umgeben, Walmdach mit Gauben, Streben zwischen Schwelle und Rähm, 1976 freigelegt.

Allmeygang 2, 18. Jahrhundert, 2 Geschosse, zweiseitig von Straßen umgeben, Mansarddach, Erdgeschoß massiv, Streben zwischen Schwelle und Rähm sowie Verstrebungen in Form von Andreaskreuzen in den Fensterbrüstungen.

Alt-Höchst 7, 18. Jahrhundert, 2 Geschosse, Hauptbau Giebel zur Straße, Anbau Traufseile zur Straße, Satteldächer, Streben zwischen Schwelle und Rähm.

Alt-Höchst 12, 18. Jahrhundert, 2 Geschosse, zweiseitig von Straßen umgeben, Mansarddach, ursprünglich aus zwei Häusern bestehend, Erdgeschoß verputzt, Streben zwischen Schwelle und Rähm sowie Kurzstreben in den Fensterbrüstungen, 1978 freigelegt.

Alt-Höchst 14, 18. Jahrhundert, 2 Geschosse, zweiseitig von Straßen umgeben, Satteldach mit Zwerchhaus, Verstrebung in Mannformen, als Schmuck in Brüstungsgefachen Feuerböcke und von einem Andreaskreuz durchkreuzte Raute, 1979 freigelegt.

Antoniterstraße 5, 18. Jahrhundert, 2 Geschosse, Traufseite zur Straße, Satteldach mit Zwerchhaus, Verstrebungen in Mannformen, bzw. Streben zwischen Schwelle und Rähm, 1979 freigelegt, Giebelfachwerk der Rückseite rekonstruiert.

Antoniterstraße 7, 19. Jahrhundert, 2 Geschosse, Giebel zur Straße, Satteldach mit Gauben, dünne Weichhölzer im ersten Obergeschoß, ursprünglich zum Verputz gedacht, Streben zwischen Schwelle und Rähm, 1979 freigelegt, Erdgeschoßfachwerk teilweise rekonstruiert.

Bolongarostraße 145, 18. Jahrhundert, 2 Geschosse, zweiseitig von Straßen umgeben, abgewinkeltes Satteldach mit Gauben, Verstrebungen in Mannform, Schmalseite mit zwei zierlichen Feuerböcken mit Nasen geschmückt.

Bolongarostraße 154, um 1500, 2 Geschosse, zweiseitig von Straßen umgeben, Satteldach, Erdgeschoß teilweise massiv unter Verwendung von Teilen der Stadtmauer, gebogene geschoßhohe Streben und halbgeschoßhohe Gegenstreben, noch verputzt.

Bolongarostraße 157, 19. Jahrhundert, Traufseite zur Straße, Satteldach mit Zwerchhaus, Erdgeschoß massiv unterfangen, darüber Dübelbalkendecke, Kurzstreben in den Fensterbrüstungen, Traufe und Zwerchhaus mit Zahnleisten geschmückt, 1978 freigelegt.

Bolongarostraße 161, 17. Jahrhundert, 2 Geschosse, zweiseitig von Straßen umgeben, erkerartiger Vorbau zur Bolongarostraße, Satteldach mit Zwerchhaus, Vorbau mit Walmdach, Erdgeschoß massiv, Verstrebung mit halben Männern sowie Streben zwischen Schwelle und Rähm, Kurzstreben in Fensterbrüstungen, Balkenlage stark geneigt, Eckständer des Vorbaus mit Schnitzwerk versehen, 1978 freigelegt.

Bolongarostraße 166, 17./19. Jahrhundert, 2 Geschosse, Traufseite zur Straße, Mansarddach mit Zwerchhaus, Verstrebung in Form von Andreaskreuzen in den Fensterbrüstungen, Fachwerk des 17. Jahrhunderts wurde im 19. Jahrhundert unter anderem durch Aufsetzen von Leisten stark verändert, Erdgeschoß massiv.

Bolongarostraße 173, Haus Zum Anker, 1481/82, 1975–1978 abgetragen und rekonstruiert, 3 Geschosse, Erdgeschoß massiv, zweiseitig von Straßen umgeben, Satteldach mit Gauben, Anbau zum Schloßplatz ebenfalls Satteldach, Fachwerk zur Bolongarostraße und zum Schloßplatz in Massivgebäude eingesetzt, Verstrebungen der Übergangszeit mit gebogenen Fußstreben und gebogenen Gegenstreben, halbrunde Fußbänder sowie Knaggen mehr zur Verzierung denn zur Konstruktion.

Bolongarostraße 178, 18. Jahrhundert, 2 Geschosse, zweiseitig von Straßen umgeben, Satteldach mit Gaube, Erdgeschoß verputzt, Verstrebungen in Mannform, Streben zwischen Schwelle und Rähm, sowie Kurzstreben, 1977 freigelegt.

Bolongarostraße 186, Dalberghaus, Fachwerk von 1586, 3 Geschosse, Erd- und erstes Obergeschoß massiv, Giebel zur Straße, Walmdach, Verstrebung in Mannformen bzw. mittels hoher Andreaskreuze, zahlreiche Schmuckhölzer wie Feuerböcke mit Nasen, Fünferkreuze und geschnitzte Bohlenbrüstung, Eckständer zur Bolongarostraße mit Schnitzwerk.

Brand 3, 19. Jahrhundert, 2 Geschosse, Erdgeschoß massiv, zweiseitig von Straßen umgeben, Satteldach, Streben zwischen Schwelle und Rähm.

Brand 7, 18./20. Jahrhundert, 2 Geschosse, Traufseite zur Straße, Satteldach, Streben zwischen Schwelle und Rähm, 1979 freigelegt.

Brand 8, 10, 12 und 14, Zehntscheunen, 18. Jahrhundert, Traufseite zur Straße, Schwellriegelkonstruktion, Streben in verschiedenen Längen zwischen Schwelle und Rähm bzw. Schwelle und Riegeln.

Brand 13, 18. Jahrhundert, 2 Geschosse, zweiseitig von Straßen umgeben, Satteldach, Erdgeschoßfachwerk stark angegriffen, deshalb verputzt, Streben zwischen Schwelle und Rähm, 1977 freigelegt.

Burggraben 2 a, 18. Jahrhundert, 2 Geschosse, Traufseite zur Straße, Satteldach mit Gauben, Streben zwischen Schwelle und Rähm sowie Kurzstreben in den Fensterbrüstungen, 1977 freigelegt.

Burggraben 4, 18. Jahrhundert, 2 Geschosse, Traufseite zur Straße, Mansarddach, ursprünglich zwei Häuser, Verstrebungen in Mannform, Streben zwischen Schwelle und Rähm sowie Kurzstreben, 1977 freigelegt.

Burggraben 14, 17. Jahrhundert, 2 Geschosse, zweiseitig von Straßen umgeben, Satteldach mit Gauben, Erdgeschoß untermauert, Fachwerk linke Giebelseite stark gestört, Verstrebung mit halben und ganzen Männern, in Giebelmitte einzelnes Fußwinkelholz und einzelne Gegenstrebe, 1977 freigelegt.

Emmerich-Josef-Straße 3, 20. Jahrhundert, 2 Geschosse, Traufseite zur Straße, Mansarddach auf Kniestock mit Zwerchhaus, Erdgeschoß massiv, Verstrebung in Form halbgeschoßhoher geschweifter Andreaskreuze, stark verzierte Rauten in den Fensterbrüstungen und weitere schmückende Fenster.

Emmerich-Josef-Straße 4, 20. Jahrhundert, 2 Geschosse, Traufseite zur Straße, Satteldach mit Krüppelwalm auf Kniestock, straßenseitig abgewalmtes Zwerchhaus, Erdgeschoß massiv, Verstrebungen in Form nachgebildeter Mannfiguren, Streben zwischen Schwelle und Rähm mit geschweiften Gegenstreben und geschoßhohen Andreaskreuzen, kreisförmige Hölzer als Schmuck in den Brüstungsfeldern.

Hilligengasse 10, 18. Jahrhundert, 2 Geschosse, Traufseite zur Straße, Satteldach, Streben zwischen Schwelle und Rähm sowie Kurzstreben in den Fensterbrüstungen.

Kronengasse 15, 18./19. Jahrhundert, 2 Geschosse, Traufseite zur Straße, Satteldach, das im 18. Jahrhundert 2-geschossige Haus wurde im 19. Jahrhundert um ein Geschoß vergrößert, Streben zwischen Schwelle und Rähm und Kurzstreben in den Fensterbrüstungen.

Justinuskirchstraße 8, 18. Jahrhundert, 2 Geschosse, Traufseite zur Straße, Satteldach, Streben zwischen Schwelle und Rähm sowie Kurzstreben in den Fensterbrüstungen.

Schloßplatz 6, 18. Jahrhundert, 2 Geschosse, zweiseitig von Straßen umgeben, Satteldach mit Gauben, Erdgeschoß massiv, Verstrebung in Form halber Männer mit geschweiften Gegenstreben, als Rest weiterer Schmuckhölzer ein Fußwinkelholz und ein Andreaskreuz, unter dem verschieferten Giebel ebenfalls Schmuckfachwerk, 1977 freigelegt.

Schloßplatz 9, 18. Jahrhundert, 2 Geschosse, Traufseite zur Straße, Satteldach mit doppelter Gaubenreihe, Erdgeschoß massiv, Verstrebung in Form halber Männer mit geschweiften Gegenstreben, in den Brüstungsgefachen negative Rauten.

Kronengasse 11, 18. Jahrhundert, 2 Geschosse, Traufseite zur Straße, Satteldach mit Zwerchhaus, in der freigelegten Straßenansicht keine Verstrebungen.

Schloßplatz 10, 18. Jahrhundert, 2 Geschosse, Traufseite zur Straße, Mansarddach mit doppelter Gaubenreihe, Schwellriegelkonstruktion, Streben zwischen Schwelle und Rähm sowie Kurzstreben in den Fensterbrüstungen, 1979 freigelegt.

Schloßplatz 11, 1663/Fachwerkwand in einem massiven Neubau 1973 rekonstruiert, 3 Geschosse, Traufseite zur Straße, Satteldach mit Gauben, Verstrebung in Form von Männern und Fußwinkelhölzer, 2 Fensterbrüstungen mit negativen Rauten.

Schloßplatz 12, um 1678, 2 Geschosse, Traufseite zur Straße, Satteldach mit erst später aufgesetztem asymmetrischen Zwerchhaus, Verstrebung in Form halber und ganzer Männer, rechts mit geschweifter Gegenstrebe, teilweise Kurzstreben in Fensterbrüstungen, Andreaskreuz über dem bogenförmigen früheren Eingang an der rechten Seite.

Schloßplatz, Zollturm und Nebengebäude, 1664, massiver Zollturm, die stadtseitige Wand aus Fachwerk, bogenförmiges Fahrtor mit darübergesetzter Balustergalerie, Verstrebung mittels Andreaskreuz über dem schmalen Bogen und doppelten Kopfbändern am Torbogen, in den Obergeschossen einfaches Fachwerk, verschiefert, das Nebengebäude wurde aus einer ehemaligen offenen Galerie umgebaut, deshalb Ständer in profilierter Säulenform, in den Brüstungsgefachen geschweifte Andreaskreuze mit Nasen und negative Rauten.

Kalbach

Kalbacher Hauptstraße 6, Zehntscheune, um 1670, Giebel zur Straße, steiles Krüppelwalmdach, wandhohe Streben zwischen Schwelle und Rähm.

Kalbacher Hauptstraße 34, Rathaus, 18./19. Jahrhundert, 2 Geschosse, zweiseitig von Straßen umgeben, Walmdach, Schwellriegelkonstruktion, Streben zwischen Schwelle und Rähm, 1979 freigelegt.

Nied

Alt-Nied 28, 19. Jahrhundert, 2 Geschosse, Giebel zur Straße, Satteldach, Verstrebung zwischen Schwelle und Rähm, ursprünglich kein Sichtfachwerk, 1977 freigelegt.

Nieder-Erlenbach

Alt-Erlenbach 15, Nebengebäude, 18. Jahrhundert, 1 Geschoß, Traufseite zur Straße, Satteldach auf Kniestock, Streben zwischen Schwelle und Rähm sowie Kurzstreben.

Alt-Erlenbach 18, 18. Jahrhundert, 2 Geschosse, zweiseitig von Straßen umgeben, Walmdach, Schwellriegelkonstruktion, Streben zwischen Schwelle und Rähm.

Alt-Erlenbach 25, 18./20. Jahrhundert, älteres Gebäude: 18. Jahrhundert, 2 Geschosse, Hauptbau Giebel zur Straße, Anbau Traufe zur Straße, Satteldächer, Erdgeschoß untermauert, Verstrebungen zwischen Schwelle und Rähm, Neubau: massiv mit aufgedoppeltem Fachwerk.

Alt-Erlenbach 26, 18. Jahrhundert, 2 Geschosse, Giebel zur Straße, Satteldach, Verstrebungen in halben und ganzen Mannformen.

Alt-Erlenbach 29, 1728, 2 Geschosse, Erdgeschoß massiv, zweiseitig von Straßen umgeben, Satteldach, Streben zwischen Schwelle und Rähm sowie halbe Männer.

Alt-Erlenbach 40, Scheune, 18. Jahrhundert, Giebel zur Straße, Krüppelwalmdach, teilweise massiv untermauert, Streben zwischen Schwelle und Rähm.

Zur Charlottenburg 5, 18. Jahrhundert, 2 Geschosse, Erdgeschoß massiv untermauert, zweiseitig von Straßen umgeben, Satteldach, Verstrebung in Form halber Männer, im Giebeldreieck drei Andreaskreuze.

Zur Charlottenburg 6, 18. Jahrhundert, 2 Geschosse, Erdgeschoß untermauert, Hauptgiebel zur Straße, Anbau traufenseitig zur Straße, Satteldächer, Streben zwischen Schwelle und Rähm.

Nieder-Eschbach

Am Eschbachsteg 2, 18. Jahrhundert, 2 Geschosse, Giebel zur Straße, Satteldach, Verstrebung in Mannformen mit Gegenstreben, Streben zwischen Schwelle und Rähm sowie Kurzstreben, im Giebel drei ineinanderlaufende Andreaskreuze.

Niederrad

Schwarzwaldstraße o. Nr., Eingangsgebäude Rennbahn, 19. Jahrhundert, zwischen zwei Türme gestellter Torbogen, Türme mit Zeltdächern, Verstrebung durch Kurzstreben, zahlreiche Schmuckformen.

Schwarzwaldstraße 160, 19. Jahrhundert, 2 Geschosse, Erdgeschoß massiv, Giebel zur Straße, Satteldach mit Schwebegiebel, dreiviertelgeschoßhohe Streben, Rauten in Fensterbrüstungen.

Niederursel

Alt-Niederursel 1, ehemaliger Saal, 19. Jahrhundert, 2 Geschosse, Giebel zur Straße, Satteldach, Streben zwischen Schwelle und Rähm.

Alt-Niederursel 12, 18. Jahrhundert, 2 Geschosse, Erdgeschoß massiv, Giebel zur Straße, Satteldach, Verstrebung in Mannformen mit Gegenstreben, im Giebel geschweifte nasenbesetzte Kurzstreben und eine von einem Andreaskreuz durchkreuzte Raute, noch verputzt. (Foto um 1900)

Alt-Niederursel 18, 18. Jahrhundert, 2 Geschosse, Erdgeschoß massiv, zwei Giebel zur Straße, Zwischenbau traufseitig zur Straße, linker Giebel mit halben Männern und Gegenstreben verstrebt, rechter Giebel stark gebogene Streben zwischen Schwelle und Rähm, Kurzstreben sowie Andreaskreuz, 1978 freigelegt.

Alt-Niederursel 19, 18. Jahrhundert, 2 Geschosse, auf hohem Sockel, zweiseitig von Straßen umgeben, Satteldach, Schwellriegelkonstruktion, Streben zwischen Schwelle und Rähm, 1976 freigelegt.

Alt-Niederursel 20, 1581, 2 Geschosse, Erdgeschoß untermauert, zweiseitig von Straßen umgeben, Satteldach, starke Streben zwischen Schwelle und Rähm, Kurzstreben und Andreaskreuz, geschnitzte Eckständer sowie weitere Flachreliefschnitzereien, 1977 freigelegt.

Alt-Niederursel 26, 18. Jahrhundert, 2 Geschosse, auf hohem Sockel, Giebel zur Straße, Satteldach, ursprünglich 2 Häuser, Streben zwischen Schwelle und Rähm, 1979 freigelegt.

Alt-Niederursel 37, Stallgebäude, 18. Jahrhundert, 2 Geschosse, Erdgeschoß massiv, Giebel zur Straße, Krüppelwalmdach, Streben zwischen Schwelle und Rähm.

Alt-Niederursel 27, 18. Jahrhundert, 2 Geschosse, Erdgeschoß und Giebel untermauert, zweiseitig von Straßen umgeben, Satteldach, Streben zwischen Schwelle und Rähm.

Alt-Niederursel 40, 18. Jahrhundert, 2 Geschosse, Erdgeschoß massiv, Traufseite zur Straße, Mansarddach, Anbau Satteldach, Streben zwischen Schwelle und Rähm sowie Kurzstreben.

Alt-Niederursel 28, Frankfurter Rathaus, 1716, rückseitiger Giebel massiv, zweiseitig von Straßen umgeben, Krüppelwalmdach, Verstrebung in Mannformen sowie Streben zwischen Schwelle und Rähm, Schwellriegelkonstruktion, geschmückt mit negativen Rauten und geschweiften Hölzern, um 1900 freigelegt.

Alt-Niederursel 29, Solms-Rödelheimisches Rathaus, 1718, 2 Geschosse, Erdgeschoß untermauert, zweiseitig von Straßen umgeben, Satteldach, Verstrebung in Mannformen mit Gegenstreben, geschmückt mit geschweiften Hölzern, negativen Rauten und von Andreaskreuzen durchkreuzten Rauten.

Alt-Niederursel 42, 18. Jahrhundert, 2 Geschosse, Erdgeschoß teilweise untermauert, Traufseite zur Straße, Mansarddach, Streben zwischen Schwelle und Rähm sowie Kurzstreben, 1977 freigelegt.

Alt-Niederursel 43, 1712, 2 Geschosse, Erdgeschoß untermauert, ursprünglich zwei Häuser, zweiseitig von Straßen umgeben, Krüppelwalmdach, Verstrebung mit halben Männern, Streben zwischen Schwelle und Rähm sowie Kurzstreben, 1977 freigelegt.

Am Urselbach 6, 18. Jahrhundert, 2 Geschosse, Erdgeschoß massiv, Traufseite zur Straße, Satteldach, Streben zwischen Schwelle und Rähm.

Erbsengasse 19, 18. Jahrhundert, 1 Geschoß, Traufseite zur Straße, Satteldach, Streben zwischen Schwelle und Rähm.

Kirchgartenstraße 1, 18. Jahrhundert, 2 Geschosse, Erdgeschoß massiv, Giebel zur Straße, Satteldach, teilweise gebogene Streben zwischen Schwelle und Rähm sowie Kurzstreben und Andreaskreuz im Giebel, 1979 freigelegt.

Kirchgartenstraße 6, um 1685, 2 Geschosse, Erdgeschoß teilweise untermauert, Traufseite zur Straße, Satteldach, Streben zwischen Schwelle und Rähm.

Kleine Schüttgrabenstraße 3, 18. Jahrhundert, 2 Geschosse, Erdgeschoß untermauert, Giebel zur Straße, Satteldach, Verstrebung durch halbe Männer mit Gegenstreben sowie Streben zwischen Schwelle und Rähm, 1977 freigelegt.

Krautgartenweg 1, 18. Jahrhundert, 2 Geschosse, Erdgeschoß untermauert, Giebel zur Straße, Satteldach, Verstrebung durch halbe Männer mit Gegenstreben sowie Streben zwischen Schwelle und Rähm und Kurzstreben, zwei davon geschweift und mit Nasen besetzt.

Krautgartenweg 3, Tabakscheune, 1695, 2 Geschosse, Erdgeschoß teilweise untermauert, Giebel zur Straße, abgewalmtes Mansarddach mit zahlreichen Schleppgauben, Streben zwischen Schwelle und Rähm.

Oberurseler Weg 21, Mühle, 17. Jahrhundert, 2 Geschosse, Erdgeschoß massiv, Traufseite zur Straße, steiles Krüppelwalmdach mit Schleppgauben, Streben zwischen Schwelle und Rähm sowie Kurzstreben.

Obermühlgasse 1, 18. Jahrhundert, 2 Geschosse, Erdgeschoß massiv, zweiseitig von Straßen umgeben, Satteldach, Streben zwischen Schwelle und Rähm.

Schüttgrabenstraße 2, 18. Jahrhundert, zweiseitig von Straßen umgeben, Satteldach, Schwellriegelkonstruktion, gebogene Streben zwischen Schwelle und Rähm.

Oberurseler Weg 11, Scheune und Nebengebäude, 18. Jahrhundert, 1 Geschoß, Traufseite zur Straße, Satteldächer, Streben zwischen Schwelle und Rähm.

Seibertsgasse 2, 18. Jahrhundert, 2 Geschosse, Giebel zur Straße, ursprünglich zwei Häuser, Satteldach, Schwellriegelkonstruktion, stark gekrümmte Streben zwischen Schwelle und Rähm, 1978 freigelegt.

Oberurseler Weg 21, Wohnhaus, 18. Jahrhundert, 2 Geschosse, Traufseite zur Straße, Krüppelwalmdach mit Schleppgauben, Streben zwischen Schwelle und Rähm sowie Kurzstreben.

Spielsgasse 6, 18. Jahrhundert, 2 Geschosse, Erdgeschoß teilweise untermauert, Giebel zur Straße, Satteldach, Verstrebung mit halben Männern sowie Streben zwischen Schwelle und Rähm.

Spielsgasse 18, 17. Jahrhundert, 2 Geschosse, Erdgeschoß teilweise untermauert, Giebel zur Straße, Krüppelwalmdach, Verstrebung mit halben und ganzen Männern, teilweise mit Gegenstreben sowie zwei geschweiften und weiteren geraden Kurzstreben im Giebel.

Spielsgasse 20, 19. Jahrhundert, 2 Geschosse, Giebel zur Straße, Satteldach, Streben zwischen Schwelle und Rähm sowie Kurzstreben, Anbau in der linken Traufseite aus jüngster Zeit.

Praunheim

Alt-Praunheim 44, 18. Jahrhundert, 2 Geschosse, Erdgeschoß massiv untermauert, Traufseite zur Straße, Satteldach mit Gauben, Verstrebung in Mannformen, Streben zwischen Schwelle und Rähm und brüstungshohen Andreaskreuzen, von Andreaskreuzen durchkreuzte Rauten in den Fensterbrüstungen.

Sachsenhausen

Große Rittergasse 79, 1732, 2 Geschosse, Erdgeschoß massiv, zweiseitig von Straßen umgeben, Satteldächer mit Zwerchhaus, Streben zwischen Schwelle und Rähm, 1979 freigelegt, dabei Dach wesentlich erhöht.

Große Rittergasse 99, 18. Jahrhundert, Massivbau mit Fachwerkgeschoß, Traufseite zur Straße, Satteldach, Streben zwischen Schwelle und Rähm.

Große Rittergasse 118, Kuhhirtenturm, um 1490, Fachwerk später erneuert, rechteckiger Turm mit Fachwerkgeschoß, Traufseite zur Straße, Walmdach, dreiviertelgeschoßhohe Streben mit Gegenstreben in K-Form.

Klappergasse 12, 18. Jahrhundert, 2 Geschosse, Traufseite zur Straße, Satteldach mit Zwerchhaus, Streben zwischen Schwelle und Rähm, nur Giebelfachwerk liegt frei.

Klappergasse 28, 18. Jahrhundert, 2 Geschosse, Traufseite zur Straße, Satteldach mit Zwerchhaus, Kurzstreben in den Brüstungen.

Kleine Rittergasse 41, 1737, 3 Geschosse, Erdgeschoß massiv, Traufseite zur Straße, Satteldach mit Gauben, Verstrebung mit halben Männern, dreiviertelgeschoßhohen Streben und Kurzstreben.

Metzlerstraße 30, 1908, 2 Geschosse, Erdgeschoß massiv, Traufseite zur Straße, Krüppelwalmdach mit Gauben, Verstrebung in Mannformen, geschnitzter Eckständer, in den Brüstungsgefachen Rauten und Kurzstreben als Schmuck.

Schaumainkai 15, um 1900, 1 Geschoß, Gartenpavillon, Satteldach mit Dachreiter, Verstrebung durch Eckwinkelhölzer.

Schaumainkai 85, um 1900, Massivbau mit Fachwerkgiebel und Fachwerkturmgeschoß, Giebel zur Straße, Satteldach, über dem Turm Zwiebeldach, Einzelverstrebung der Ständer, niedersächsischem Fachwerk nachempfunden, Ständer des Turmgeschosses mit Flachreliefschnitzereien.

Schellgasse 8, 1291/92, 2 Geschosse, Traufseite zur Straße. Satteldach, über zwei Geschosse durchgehende Ständer und Streben, alle Verbindungen verblattet, die 1978 freigelegte Fassade im Fachwerk stark gestört.

Schwanheim

Alt-Schwanheim 2, 18. Jahrhundert, 2 Geschosse, zweiseitig von Straßen umgeben, Krüppelwalmdach, Schwellriegelkonstruktion, Streben zwischen Schwelle und Rähm sowie Kurzstreben, 1979 freigelegt.

Am Graben 1, 18. Jahrhundert, 2 Geschosse, Erdgeschoß untermauert, zweiseitig von Straßen umgeben, Satteldach, Streben zwischen Schwelle und Rähm sowie Kurzstreben.

Flughafenstraße, 1898, 1 Geschoß, Giebel zur Straße, Hauptbau und Seitenflügel Satteldächer, Fachwerk im Tudorstil, historische Details: wie aus Kopfwinkelhölzern gearbeiteter Bogen und Hakeneckblätter, Architekten Bäppler und Kauffmann.

Martinskirchstraße 68 mit Nebengebäude, 18. Jahrhundert, Hauptgebäude Traufseite zur Straße, Krüppelwalmdach mit Gauben, Nebengebäude Giebel zur Straße, Walmdach, Streben zwischen Schwelle und Rähm sowie Kurzstreben, 1979 freigelegt.

Schwanheimer Straße 151/155, 19. Jahrhundert, Massivgebäude mit Fachwerkgiebeln bzw. Zwerchgiebeln und Fachwerkturmgeschoß, Krüppelwalmdächer, über dem Turm Zeltdach mit Laterne, konstruktives Fachwerk ohne Verstrebungen.

Vierhäusergasse 2, 1619, 2 Geschosse, Erdgeschoß untermauert, zweiseitig von Straßen umgeben, Satteldach, Verstrebung mit halben Männern, Eckständer und Mittelständer im Giebel mit Flachreliefschnitzereien versehen, dazu weiterer umfangreicher Schmuck wie Rosetten und Andreaskreuze, bis auf wenige Schmuckteile noch verputzt.

Seckbach

Alt-Seckbach 6, 18. Jahrhundert, 2 Geschosse, Giebel zur Straße, Krüppelwalmdach, Streben zwischen Schwelle und Rähm sowie Kurzstreben in den Fensterbrüstungen.

Draisbornstraße 4, 18. Jahrhundert, 2 Geschosse, Giebel zur Straße, Satteldach, Streben zwischen Schwelle und Rähm sowie Kurzstreben im Giebel.

Draisbornstraße 9, 18. Jahrhundert, 2 Geschosse, Giebel zur Straße, Satteldach, Streben zwischen Schwelle und Rähm.

Draisbornstraße 11, 18. Jahrhundert, 2 Geschosse, Giebel zur Straße, Schwellriegelkonstruktion, Streben zwischen Schwelle und Rähm.

Ellerstraße 3, 18. Jahrhundert, 2 Geschosse, Giebel zur Straße, Satteldach, Streben zwischen Schwelle und Rähm.

Friedberger Landstraße 531, Heiligenstock, 1950 rekonstruiert, 2 Geschosse, Erdgeschoß massiv, teilweise gebogene Strebenformen und als Schmuck flechtwerkartig sich überschneidende Hölzer in Fensterbrüstungen.

Hintergasse 4, 18. Jahrhundert, 2 Geschosse, Giebel zur Straße, Streben zwischen Schwelle und Rähm, 1979 freigelegt.

Hintergasse 7, 17. Jahrhundert, 2 Geschosse, Giebel zur Straße, Satteldach, Verstrebung in Form von Männern, Eckständer, Kopfwinkelhölzer und Mittelständer zwischen den Fenstern mit Schnitzereien versehen, Schwellriegelkonstruktion.

Hintergasse 9, 18. Jahrhundert, 2 Geschosse, zweiseitig von Straßen umgeben, Satteldach, Schwellriegelkonstruktion, Streben zwischen Schwelle und Rähm, im Giebel Andreaskreuze, in der Traufwand das Gewände eines Rundbogenfensters.

Hintergasse 10, 18. Jahrhundert, 2 Geschosse, Giebel zur Straße, Walmdach, Schwellriegelkonstruktion, Streben zwischen Schwelle und Rähm.

Hintergasse 11, 1695, 2 Geschosse, zweiseitig von Straßen umgeben, Satteldach, Streben zwischen Schwelle und Rähm, horizontal geteilte Haustür.

Hintergasse 16, 1773/20. Jahrhundert, 2 Geschosse, Erdgeschoß massiv, Giebel zur Straße, Satteldach mit Gaube, Streben zwischen Schwelle und Rähm, im 20. Jahrhundert stark verändert.

Hofhausstraße 1, 18. Jahrhundert, 2 Geschosse, Giebel zur Straße, Krüppelwalmdach, Streben zwischen Schwelle und Rähm sowie Kurzstreben in Fensterbrüstungen.

Hofhausstraße 4, 18. Jahrhundert, 2 Geschosse, Giebel zur Straße, Satteldach, Verstrebung in Mannform, Streben zwischen Schwelle und Rähm sowie Kurzstreben in Brüstungen.

Hofhausstraße 2, Rathaus, 1542, 2 Geschosse, Erdgeschoß später massiv untermauert, zweiseitig von Straßen umgeben, Satteldach mit Nasen, fünfeckiger Erker, geschoßhohe gebogene Fußstreben und halbgeschoßhohe gebogene Kopfstreben, Kurzstreben und ein Andreaskreuz im Erker. Schwellriegelkonstruktion, Giebelfachwerk im 20. Jahrhundert erneuert.

Hofhausstraße 8, 18. Jahrhundert, 2 Geschosse, Erdgeschoß massiv, Giebel zur Straße, Satteldach, Verstrebung in Mannformen, Streben zwischen Schwelle und Rähm.

Hofhausstraße 3, 18. Jahrhundert, 2 Geschosse, Giebel zur Straße, Satteldach, Schwellriegelkonstruktion, Streben zwischen Schwelle und Rähm.

Hofhausstraße 10, 18. Jahrhundert, 2 Geschosse, Giebel zur Straße, Satteldach mit Gauben, Streben zwischen Schwelle und Rähm und Kurzstreben, Schwellriegelkonstruktion.

Hofhausstraße 16, 18. Jahrhundert, 2 Geschosse, Giebel zur Straße, Krüppelwalmdach, Schwellriegelkonstruktion, Streben zwischen Schwelle und Rähm.

Hofhausstraße 17, 18. Jahrhundert, 2 Geschosse, Giebel zur Straße, Krüppelwalmdach, Erker mit Satteldach über Eingangsbereich, Schwellriegelkonstruktion, Streben zwischen Schwelle und Rähm sowie Kurzstreben.

Hofhausstraße 25, um 1500, 2 Geschosse, Erdgeschoß teilweise untermauert, Traufseite zur Straße, Satteldach, geschoßhohe gebogene Fußstreben und halbgeschoßhohe gebogene Gegenstreben, Streben zwischen Schwelle und Rähm, im Giebel Reste von Fußwinkelhölzern, Fachwerk stark gestört.

Lohrgasse 4, 18. Jahrhundert, 2 Geschosse, Giebel zur Straße, Satteldach, Streben zwischen Schwelle und Rähm.

Lohrgasse 5, 18. Jahrhundert, 2 Geschosse, Giebel zur Straße, Satteldach, Schwellriegelkonstruktion, Streben zwischen Schwelle und Rähm sowie Kurzstreben in den Fensterbrüstungen.

Lohrgasse 12, 18./20. Jahrhundert, Giebel zur Straße, Satteldach, Streben zwischen Schwelle und Rähm, straßenseitiger Teil im 20. Jahrhundert errichtet.

Niedergasse 1, 18. Jahrhundert, 2 Geschosse, Giebel zur Straße, Krüppelwalmdach, Streben zwischen Schwelle und Rähm sowie Kurzstreben in Fensterbrüstungen, Schwellriegelkonstruktion, 1976 freigelegt.

Niedergasse 6, 18. Jahrhundert, 2 Geschosse, Giebel zur Straße, Satteldach, Schwellriegelkonstruktion, Streben zwischen Schwelle und Rähm sowie Kurzstreben in Fensterbrüstungen.

Niedergasse 12, 18. Jahrhundert, 2 Geschosse, Giebel zur Straße, Satteldach, Streben zwischen Schwelle und Rähm sowie Kurzstreben, Treppenhausturm später angebaut.

Wilhelmshöher Straße 99, 18. Jahrhundert, 1 Geschoß, Traufseite zur Straße, Satteldach mit später aufgesetztem Zwerchhaus, Schwellriegelkonstruktion, Streben zwischen Schwelle und Rähm sowie Kurzstreben in den Fensterbrüstungen, im Zwerchhaus ein Andreaskreuz.

Rathausgasse 1, 18. Jahrhundert, 2 Geschosse, Giebel zur Straße, Satteldach, Verstrebung in Mannformen mit Gegenstreben, Streben zwischen Schwelle und Rähm.

Wilhelmshöher Straße 103, 18. Jahrhundert, 1 Geschoß, Giebel zur Straße, Satteldach auf Kniestock mit Zwerchhaus, Streben zwischen Schwelle und Rähm sowie Kurzstreben.

Rathausgasse 2, 18. Jahrhundert, 1 Geschoß, Giebel zur Straße, Satteldach, Schwellriegelkonstruktion, Streben zwischen Schwelle und Rähm sowie Kurzstreben.

Wilhelmshöher Straße 111, 18. Jahrhundert, 1 Geschoß, Giebel zur Straße, Satteldach, Schwellriegelkonstruktion, Streben zwischen Schwelle und Rähm sowie Kurzstreben.

Rathausgasse 7, 18. Jahrhundert, 2 Geschosse, Giebel zur Straße, Satteldach, Schwellriegelkonstruktion, Streben zwischen Schwelle und Rähm.

Wilhelmshöher Straße 125, 19. Jahrhundert, 2 Geschosse, Giebel zur Straße, Satteldach, Streben zwischen Schwelle und Rähm sowie Kurzstreben.

Wilhelmshöher Straße 129, 18. Jahrhundert, 1 Geschoß, Giebel zur Straße, Satteldach, Streben zwischen Schwelle und Rähm sowie Kurzstreben.

Wilhelmshöher Straße 130, 18. Jahrhundert, 2 Geschosse, Giebel zur Straße, Krüppelwalmdach, Streben zwischen Schwelle und Rähm.

Wilhelmshöher Straße 138, 18. Jahrhundert, 2 Geschosse, Traufseite zur Straße, Mansarddach, Kurzstreben in Brüstungsfeldern, Erdgeschoß stark verändert.

Wilhelmshöher Straße 149, 17. Jahrhundert, 2 Geschosse, zweiseitig von Straßen umgeben, Satteldach, Erdgeschoßtraufwand vorgemauert, teilweise gebogene Streben zwischen Schwelle und Rähm, Kurzstreben und Andreaskreuze, Geschoßvorsprünge mit Zierknaggen verriegelt, Schwellriegelkonstruktion.

Wilhelmshöher Straße 156, 18. Jahrhundert, 2 Geschosse, Giebel zur Straße, Satteldach mit Gauben, Verstrebung in Mannformen, Kurzstreben, Andreaskreuze, Fachwerk stark verändert.

Wilhelmshöher Straße 157, 18. Jahrhundert, 2 Geschosse, Giebel zur Straße, Satteldach, Schwellriegelkonstruktion, teilweise gebogene Streben zwischen Schwelle und Rähm, im Giebel Fußbänder und Andreaskreuze.

Wilhelmshöher Straße 159, 18. Jahrhundert, 2 Geschosse, Giebel zur Straße, Satteldach mit Gaube, Verstrebung in Mannformen, Streben zwischen Schwelle und Rähm, Kurzstreben, alle teilweise stark gekrümmt, Eckständer des ersten Obergeschosses mit Schnitzwerk versehen.

Wilhelmshöher Straße 161, 18. Jahrhundert, 2 Geschosse, teilweise massiv untermauert, Giebel zur Straße, Satteldach, Streben zwischen Schwelle und Rähm.

Wilhelmshöher Straße 167, 18. Jahrhundert, 2 Geschosse, Giebel zur Straße, Satteldach, Streben zwischen Schwelle und Rähm.

Wilhelmshöher Straße 186, 18. Jahrhundert, 1 Geschoß, Giebel zur Straße, Satteldach, Schwellriegelkonstruktion, Streben zwischen Schwelle und Rähm.

Wilhelmshöher Straße 188, 18. Jahrhundert, 2 Geschosse, Giebel zur Straße, Satteldach mit Zwerchhaus, Schwellriegelkonstruktion, Streben zwischen Schwelle und Rähm sowie Kurzstreben im Giebel. Das Fachwerk soll aus Frankfurt nach Seckbach umgesetzt worden sein.

Zentgrafenstraße 5, 18. Jahrhundert, 2 Geschosse, Giebel zur Straße, Satteldach mit Schleppgaube, Erdgeschoß massiv, teilweise gebogene Streben zwischen Schwelle und Rähm.

Zentgrafenstraße 6, 18. Jahrhundert, 2 Geschosse, Erdgeschoß giebelseitig untermauert, Giebel zur Straße, Satteldach, Verstrebung mittels Männern und Gegenstreben sowie Kurzstreben im Giebel.

Zentgrafenstraße 10, 18. Jahrhundert, 2 Geschosse, Giebel zur Straße, Satteldach, Schwellriegelkonstruktion, Streben zwischen Schwelle und Rähm sowie Kurzstreben.

Sindlingen

Huthmacherstraße 3, 18. Jahrhundert, 2 Geschosse, Giebel zur Straße, Satteldach, Verstrebung in Mannformen, im Giebel geschweifte Gegenstreben mit Nasen und eine negative Raute, 1977 freigelegt.

Huthmacherstraße 7, 17. Jahrhundert, 2 Geschosse, Erdgeschoß teilweise massiv, zweiseitig von Straßen umgeben, Satteldächer auf Haupt- und Anbau, Verstrebung in Mannformen, am Anbau ein Andreaskreuz, im Eckständer Marienschrein eingearbeitet.

Huthmacherstraße 15, Zehnthof, 1720, 2 Geschosse, Giebel zur Straße, Walmdach, Erdgeschoß teilweise untermauert, Streben zwischen Schwelle und Rähm, Andreaskreuze in den Fensterbrüstungsfeldern des ersten Obergeschosses, 1977 freigelegt.

Huthmacherstraße 16, 1695, 2 Geschosse, Erdgeschoß später untermauert, Giebel zur Straße, Satteldach, Verstrebung in Mannformen mit geschweiften Gegenstreben, zahlreiche Schmuckhölzer wie Andreaskreuz, geschweifte Kurzstreben, negative Rauten und große kreisförmige Figuren aus geschweiften Kurzstreben in der Traufwand.

Sossenheim

Alt-Sossenheim 41, Rathaus, 18. Jahrhundert, 2 Geschosse, Giebel zur Straße, Satteldach, an der Traufseite großer Wanderker mit Satteldach, Verstrebungen in Mannformen, zahlreiche Schmuckhölzer in Form von Andreaskreuzen und geschweiften, nasenbesetzten kurzen Streben.

Ranzengasse 12, 17. Jahrhundert, 2 Geschosse, Erdgeschoß teilweise untermauert, Giebel zur Straße, Satteldach, Verstrebung in Mannformen mit Gegenstreben, die Fußstreben sehr flach angestellt.

Alt-Sossenheim 74, 1838, 2 Geschosse, Traufseite zur Straße, Satteldach, Streben zwischen Schwelle und Rähm, Scheune mit auffallendem Giebelfachwerkbild.

Dottenfeldstraße 2–4, 18. Jahrhundert, 2 Geschosse, Traufseite zur Straße, Satteldach, teilweise gebogene Streben zwischen Schwelle und Rähm, ursprünglich 2 Häuser, Fachwerk teilweise gestört bzw. untermauert.

Sossenheimer Mühlgasse 2, 1699, 2 Geschosse, Giebel zur Straße, Satteldach, Verstrebungen in Mannformen mit Gegenstreben bzw. Streben zwischen Schwelle und Rähm, Fachwerk durch veränderte Fenster gestört.

Siegener Straße 16, 19. Jahrhundert, 2 Geschosse, Erdgeschoß massiv, Verstrebungen in Form eines geschweiften Andreaskreuzes und geschweifter Streben, alle halbgeschoßhoch, Schmuck aus sehr dünnen Hölzern in den Brüstungsfeldern, Gefache mit Sichtmauerwerk ausgemauert.

Unterliederbach

Heugasse 5, 18. Jahrhundert, 2 Geschosse, Giebel zur Straße, Krüppelwalmdach mit Schleppgaube, Erdgeschoß teilweise untermauert, Streben zwischen Schwelle und Rähm sowie Kurzstreben.

Liederbacher Straße 58, 18. Jahrhundert, 2 Geschosse, Giebel zur Straße, Krüppelwalmdach, Erdgeschoß im Giebel untermauert, Streben zwischen Schwelle und Rähm, Scheune mit wandhohen Verstrebungen.

Roggengasse 2, 18. Jahrhundert, 2 Geschosse, Traufseite zur Straße, Satteldächer auf Haupt- und Nebenbau, teilweise stark gebogene Streben zwischen Schwelle und Rähm, Erdgeschoß untermauert, Fachwerk stark gestört.

Liederbacher Straße 60 a, 18. Jahrhundert, 2 Geschosse, Erdgeschoß massiv, Giebel zur Straße, Krüppelwalmdach, Streben zwischen Schwelle und Rähm und Andreaskreuze in den Fensterbrüstungen.

Wagengasse 3, 18. Jahrhundert, 2 Geschosse, Traufseite zur Straße, Satteldach, Erdgeschoß untermauert, Streben zwischen Schwelle und Rähm.

Liederbacher Straße 121, 18. Jahrhundert, 2 Geschosse, zweiseitig von Straßen umgeben, Satteldach, Erdgeschoß untermauert, Streben zwischen Schwelle und Rähm, im Giebel Kurzstreben.

Wagengasse 5, 18. Jahrhundert, 2 Geschosse, Erdgeschoß untermauert, Giebel zur Straße, Satteldach, Verstrebungen in Mannformen mit Gegenstreben, Eckständer profiliert, negative Rautenfüllungen in den Fensterbrüstungen.

Fest, oder annähernd datierte, erhaltene Fachwerke in chronologischer Reihenfolge

1291/92 Sachsenhausen, Schellgasse 8
um 1480 Bockenheim, Bockenheimer Warte
1481 Höchst, Bolongarostraße 173 (Rek. 20. Jh.)
um 1500 Höchst, Bolongarostraße 154
um 1500 Enkheim, Riedstraße 31
um 1500 Bergen, Marktstraße 46
um 1500 Seckbach, Hofhausstraße 25
1520–1530 Bergen, Rathaus, Marktstraße
1542 Seckbach, Rathaus, Hofhausstraße 2
1546 Innenstadt, Alte Gasse 24
1581 Niederursel, Alt-Niederursel 20
1586 Höchst, Dalberghaus, Bolongarostraße 186
um 1600 Innenstadt, Haus Wertheim, Fahrtor 1
1608 Bonames, Alt Bonames 2
1619 Schwanheim, Vierhäusergasse 2
1633 Höchst, Schloßplatz 11 (Rek. 20. Jh.)
1664 Höchst, Zollturm, Höchster Schloßplatz
1670 Bergen, Am Berger Spielhaus 4
um 1670 Kalbach, Zehntscheune, Kalbacher Hauptstraße 6
um 1678 Höchst, Schloßplatz 12
um 1685 Niederursel, Kirchgartenstraße 6
1695 Seckbach, Hintergasse 11
1695 Niederursel, Tabakscheune, Krautgartenweg 3
1695 Sindlingen, Huthmacherstraße 16
1699 Sossenheim, Mühlgasse 2
1712 Niederursel, Alt Niederursel 43
1716 Niederursel, Frankfurter Rathaus, Alt Niederursel 28
1718 Niederursel, Solms-Rödelheimsches Rathaus, Alt Niederursel 29
1720 Sindlingen, Zehnthof, Huthmacherstraße 15
1728 Enkheim, Alte Mühle, Alt Enkheim 9
1728 Nieder-Erlenbach, Alt-Erlenbach 29
1732 Sachsenhausen, Große Rittergasse 79
1734 Fechenheim, Burglehen 2
1737 Sachsenhausen, Kleine Rittergasse 41
um 1750 Bornheim, Rathaus, Berger Straße 314
1773 Seckbach, Hintergasse 16
1838 Sossenheim, Alt Sossenheim 74
um 1885 Westend, August-Siebert-Straße 20
1898 Schwanheim, Flughafenstraße
1902 Fechenheim, Rathaus, Pfortenstraße 1
1908 Sachsenhausen, Metzlerstraße 30
1950 Seckbach, Friedberger Landstraße 531

Glossar

unter Berücksichtigung einiger lokal geprägter Begriffe

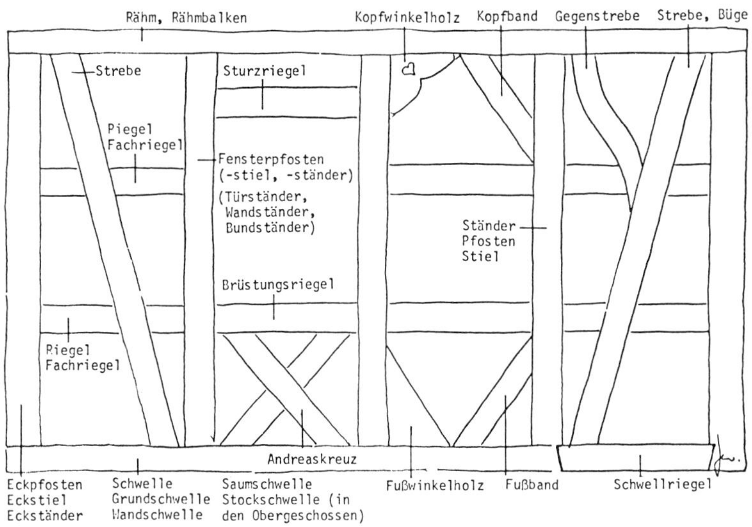

Abbinden, Abbund: Verzimmern und Anlegen von Fachwerkwänden oder Balkenlagen auf dem Zimmerplatz (abgeleitet vom früheren „Binden" der Holzkonstruktion)

Abgratung: Abfasen (Abschrägen) der oberen Kanten eines Gratsparrens

Ankerbalken: der zwei Ständer verbindende Balken im Hallenhaus bzw. der eingesteckte oder eingezapfte Balken im Ständergeschoßbau

Anschuhen: Verlängerung von Hölzern in einer Richtung

Auskragung: Vorspringen eines Bauteils, im Fachwerkbau auch Überhang genannt

Band: ursprünglich aufgeblattetes, schräges Holz wie Schwert, Kopf- oder Fußband zur Aufnahme vorwiegend von Zugkräften. Mit dem Wechsel von der Verblattung zur Verzapfung behielten die nur auf Druck beanspruchten Fuß- und Kopfbänder den Namen (diese müßten eigentlich Fuß- und Kopfstreben heißen)

Balkenkopf: Balkenende

Balkenlage, Gebälk: die Gesamtheit der Deckenbalken eines Geschosses

Belvederche: Dachlaube

Besäumen: rechtwinklige Bearbeitung von Brettern, Bohlen oder Kanthölzern, früher von Hand, z. B. mit Breitbeil, heute mit Gatter- oder Kreissäge

Bowellage: an Eisen aufgehängtes Zwischengeschoß in hohen Erdgeschoßhallen

Blatt: flächige Holzverbindung für sich kreuzende oder senkrecht aufeinanderstoßende Hölzer wie gerades Blatt, Hakenblatt, Schwalben- und Weichschwanzblatt

Brustriegel: der Wandriegel in Brüstungshöhe, besonders der Riegel unter dem Fenster

Bundbalken: Balken, auf welchem ein Sparrengebinde oder ein Dachstuhl sitzt

Bundständer: verstrebter Ständer in der Hauswand, an den meist eine Innenwand anschließt

Dachbalkenlage: die Balkenlage unterhalb des Daches

Dachstuhl: die Dachhaut tragende Konstruktion, wie stehender Stuhl, liegender Stuhl, Hängewerk oder Sprengewerk

Deckenbalken: raumüberspannender Balken

Eckständer: auf dem Fundament (Schwellriegelkonstruktion) oder auf den Schwellen stehende Ständer (Pfosten, Stiele) an den Gebäudeecken

First: der obere Abschluß eines Daches, parallel oder annähernd parallel zur Trauflinie

Firstpfette, Firstbaum: Längsholz, das die Lasten der oberen Sparrenköpfe abträgt

Firstständer, Firstpfosten: Ständer, welche die Last der Firstpfette auf Dachstuhl oder Balken, als Firstsäulen auch bis auf das Fundament abtragen

Füllholz: in die Lücke zwischen das „Rähm", zwei Balkenköpfe und die Schwelle des nächsten Stockwerkes eingeschobenes Holz, meist mit Schmuckprofil

Gabelpfosten: mit natürlicher Gabel (Astgabel) versehener Pfosten im vorgeschichtlichen Holzbau

Gebinde, Binder: Einheit aus zwei Sparren und Balken (Sparrendreieck)

Gefach, Fach: von Fachwerkhölzern umschlossene Öffnung einer Wand (wird durch Ausfachung, Fenster oder Tür geschlossen)

Gehrung: Eckstoß, der mittels Schrägen (im Gehrungswinkel) zusammengefügt ist

Gaube, Gaupe: Dachöffnung, die durch ein kleines Sattel- oder Pultdach überdacht ist

Gerämse: Kleine Holzlauben neben den Hauseingängen als Sitz für Verkäufer oder zum Ausruhen

Gesims, Dachgesims: oberes Abschlußprofil von Wandfläche oder Stockwerk bzw. als Dachgesims Anschluß der Traufwand an das Dach

Gewände: die seitlich rahmenden Teile von Fenstern, Türen und Toren

Gratsparren: verstärkter Sparren unter der Gratlinie der Dachfläche, z. B. eines Walmdaches

Gratstichbalken: diagonal eingestochener Balken

Grundschwelle: die auf dem Fundament oder Kellermauerwerk liegende Schwelle

Hahnenbalken, Spitzbalken: kleiner Balken im oberen Sparrendreieck von Sparren- oder Kehlbalkendächern, der die Sparren gegeneinander abstützt

Halsriegel: Wandriegel im oberen Viertel eines Stockwerks

Hausern: Hausflur

Kamm, Verkämmung: Holzverbindung sich kreuzender, übereinanderliegender Hölzer
Katzenzüge: Aufzüge, die aus größeren Giebelluken auskragen, zum Aufwinden von Waren auf die Speicher
Kehlbalken: Balken im Dachgeschoß, meist mit den Sparren verblattet
Kehlsparren: verstärkter Sparren unter einer Dachkehle
Knagge, Büge: senkrecht zur Wandrichtung schräg angeordnetes, konsolartiges Holz zur Unterstützung auskragender Bauteile oder zur Queraussteifung
Kopfband: schräg angeordnetes, kürzeres Aussteifungsholz zwischen Ständer und Rähm, früher verblattet, heute verzapft
Kopfstrebe: schräg angeordnet, langes Aussteifungsholz zwischen Ständer und Rähm, meist über dem Brustriegel ansetzend
Krüppelwalmdach: nur im oberen Giebelteil abgewalmtes Satteldach
Mann: fränkische Verstrebungsform aus Ständer, dreiviertelgeschoßhohen Fußstreben und kurzen Kopfwinkelhölzern
Mauerlatte: schwächeres Holz, das auf einer Mauer liegt und die Balkenlage aufnimmt
Nase: Giebelausbildung ähnlich einem sehr kleinen Krüppelwalm
Pfette: parallel zu First und Traufe liegendes Holz, das die Sparren unterstützt und auf Querwänden, Stielen oder Dachstuhl aufliegt
Pfosten: ursprünglich in die Erde eingegrabene (eingespannte) Stütze, die Pfetten oder Balken trug (der Begriff wird heute auch oft für Ständer im Fachwerkbau gebraucht)
Volutengiebel: Wellgiebel mit Volutenform
Quergebälk: Gesimsschichtung aus dem Rähm eines Geschosses, den Balkenköpfen der darüberliegenden Balkenlage und der daraufliegenden Stockschwelle
Quergebindegefüge: Hausgefüge aus Querbindern, die quer zur Längsachse hintereinander stehen
Rähm, Rähmholz (Rähmkranz): das den „Rahmen" aus Schwelle und Ständern oben abschließende Holz, wird auf die Zapfen der Ständer aufgesetzt
Riegel, Querriegel: zwischen die Ständer waagerecht eingezapfte Hölzer
Säule: (Begriff aus dem Steinbau) ursprünglich eine runde Stütze, allgemein üblich auch für sechs- und achtkantige Stützen aus Holz
Schifter: an Grat- oder Kehlsparren angeschmiegter Sparren
Schopf: in Frankfurt: Hauseingangsüberdachung
Schmiege: Schräge bei der Anpassung nicht winklig zueinander stehender Hölzer
Schwalbenschwanz: Ausbildung bei Holzverbindung, z. B. als Blatt
Schwebeblatt: Verstärkung eines Ständerfußes, die ähnlich einem Blatt die unter dem Ständer liegende Schwelle übergreift
Schwebegiebel: auf der Verlängerung der Pfetten über eine Giebelwand hinaus auf sogenannten Flugsparren ruhender, weiter Dachüberstand
Schwelle (Schwellenkranz): auf Fundament oder Mauerwerk ruhendes, waagerechtes Holz, in das die Ständer eingezapft werden
Schwert, Verschwertung: bohlenartiges, zur Aussteifung schräg über mehrere aufrecht stehende Hölzer laufendes, aufgeblattetes oder aufgenageltes Holz
Sparrendach: Dachgerüst aus Gebinden (Sparrendreiecken) aus je zwei Sparren und einem Balken
Staken, Stakung: gespaltene Hölzer, die in Nuten in die Gefache eingeschlagen werden und das Weidengeflecht samt Lehmschlag der Ausfachung tragen
Ständer: zunächst direkt auf Fundament bzw. Stein- oder Holzplatten aufstehendes, stützendes Holz im Fachwerkbau, über ein oder mehrere Geschosse reichend. Heute allgemein die senkrechten Hölzer der Fachwerkwand (die lokal auch als Pfosten, Stiele, Stützen oder Säulen bezeichnet werden)
Ständerbau (Geschoßbau): Fachwerkbau mit über mehrere Geschosse reichenden Ständern
Stichbalken: meist in den letzten Balken „eingestochener", kurzer Balken, dessen anderes Ende auf dem Rähm ruht
Stiel: im geringeren Maße abstützendes, senkrechtes Holz in der Fachwerkwand, z. B. Klebestiel oder Gewändestiel für Fenster
Stockwerksrähmbau: stockwerksweise verzimmerter, abgebundener und aufgeschlagener Fachwerkbau, jedes Stockwerk in sich ausgesteift
Stockschwelle: Schwelle im oberen Stockwerk
Stoß: Holzverbindung in einer Richtung oder über Eck
Strebe: auf Druck beanspruchtes, eingezapftes, schräges Holz zur Aussteifung
Streichbalken: Balken, der neben einer Mauer oder einem Kamin „vorbeistreicht"
Sturzriegel: Türen und Fenster oben begrenzender Riegel
Unterzug: Holz, das quer unter einer Balkenlage liegt und diese unterstützt
Verzapfung: Holzverbindung aus Zapfen und Zapfenloch
Weichschwanz: halbe Schwalbenschwanzform bei einem Blatt
Windrispe: schräg unter die Sparren genagelte Bohle oder genageltes Brett zur Längsaussteifung des Dachverbandes
Winkelholz (Fußwinkelholz, Kopfwinkelholz): meist im Winkel von 45° sitzendes, die Ecke zwischen Ständer und Schwelle (Fußwinkelholz) oder zwischen Ständer und Rähm (Kopfwinkelholz) ausfüllendes Holz
Zapfenschloß: durch das Zapfenloch durchgesteckter Zapfen, der mit einem Keil (Splint) gesichert (geschlossen) ist
Zulage: Reißboden, auf welchem das Holz angelegt wird, oder das Anlegen selbst

Bildnachweis

Die Fotos und Zeichnungen stellten freundlicherweise und mit Abdruckerlaubnis zur Verfügung bzw. sind übernommen aus:
Historisches Museum Frankfurt, S. 30, 31, 61 (Reiffenstein-Kauffmann), 75, 78. – Kynast, Falk, S. 81. – Lübbecke, Fried, Alt Frankfurt – Ein Vermächtnis, Frankfurt, S. 13, 19. – Referat für Denkmalpflege der Stadt Frankfurt, S. 11, 15, 24, 27, 30, 32, 33, 39, 41, 42, 44, 45, 48, 49, 50, 54, 55, 58, 73, 76, 81. – Sage, W., Das Deutsche Bürgerhaus, Frankfurt, Tübingen, 1959, S. 15. – Stadtarchiv Frankfurt, S. 9, 12, 14 (Vömel), 16 (Mehs), 17 (Knabenschuh), 18, 25, 28, 30, 31, 34, 35 (Mehs), 45, 60 (Vömel), 119. – Walbe, Heinrich, Das Hessisch-Fränkische Fachwerk, Gießen 1954, S. 23. – Wilhelm, Johann, Architectura Civilis, Nürnberg 1668, Reprint Hannover 1977, S. 21, 67. – Wolff, C. und Jung, R., Die Bau- und Kunstdenkmäler Frankfurts, Frankfurt 1898, S. 25, 26, 30. – Die Fotos auf den Seiten 6, 8, 10, 11, 20, 26, 28, 29, 36, 37, 38, 39, 40, 43, 46, 47, 49, 50, 51, 52, 53, 56, 57, 59, 62, 64, 65, 66, 68, 69, 70, 71, 72, 73, 74, 75, 80, 81 stammen vom Verfasser.

Literatur

Battonn, J. G., Örtliche Beschreibung der Stadt Frankfurt am Main, Aus dem Nachlaß hrsg. vom Verfasser für Geschichte und Altertumskunde, Frankfurt 1861

Binding, G., Mainzer, U., Wiedenau, A.: Kleine Kunstgeschichte des deutschen Fachwerkbaus, 2. Aufl., Darmstadt 1977

Bingemer, H., Führer durch die Goldene Waage, Frankfurter Sehenswürdigkeiten 3, 1935

Bott, G., Frankfurt am Main, Deutsche Lande – Deutsche Kunst, München

Bücher, K. und Schmidt, H., Frankfurter Zunfturkunden bis 1612, Veröffentlichung der Historischen Kommission, Frankfurt 1914, Teil 1, 2

Dehio, G., Handbuch der deutschen Kunstdenkmäler, Bearbeitet von M. Backes, Hessen, Darmstadt, ohne Jahresangabe

Garbe, J. G. (Hrsg.), Der vollkommene Zimmermann, Frankfurt

Gerner, M., Fachwerk, Entstehung, Gefüge, Instandsetzung, Stuttgart 1979

Gerner, M., Fachwerke in Höchst am Main, Hrsg. Verein für Geschichte und Altertumskunde, Frankfurt-Höchst 1976

Gerner, M., Instandsetzen und Erhalten historischer Häuser, Wiesbaden 1978

Hollstein, E., Holzzustand und dendrochronologische Datierung, in: Deutsche Kunst und Denkmalpflege, München 1969

Hollstein, E., Die Jahresringe vom Magdalenenberg, Villingen 1974

Huber, B., Siebenlist, V., Nieß, W., Jahrringchronologie Hessischer Eichen, in: Büdinger Geschichtsblätter, Band V, Büdingen 1964

v. Lersner, A. A., Chronika . . . Erste Ausgabe Frankfurt 1704, zweite, vermehrte und veränderte Ausgabe, Frankfurt 1734

Lübbecke, F., Alt- Frankfurt, Ein Vermächtnis, Hrsg. Georg Hartmann, bearbeitet von Fried Lübbecke, Frankfurt am Main 1950

Lübbecke, F., Das Haus zum Engel in Frankfurt am Main, Berlin 1929

Römer und Büchner, Beiträge zur Geschichte der Stadt Frankfurt am Main und ihres Gebietes, Frankfurt 1853

Sage, W., Das Bürgerhaus in Frankfurt am Main bis zum Ende des Dreißigjährigen Krieges, Band II, Das Deutsche Bürgerhaus, Begr. Bernt, A., Hrsg. Binding, G., Tübingen 1959

Schäfer, C., Deutsche Holzbaukunst, Hrsg. P. Kanold, Dresden 1937

Schäfer, C., Die Holzarchitektur Deutschlands vom 14. bis 18. Jahrhundert, Berlin 1888

Schomann, H., 111 Frankfurter Baudenkmäler schildern, Frankfurt 1977

Schönfeldt, G. v., Bauernhäuser in Hessen, Teil I: Grundlagen, Ausgangssituation, Wiesbaden 1973

Stolberg, F., Turmhelme in Lahngebiet und Wetterau, Ein Beitrag zur Geschichte deutscher Zimmermannskunst, in: Deutsche Zimmermeister, Freiburg 1931

Walbe, H., Das Hessisch-Fränkische Fachwerk, Gießen 1954

Wilhelm, J., Architectura Civilis oder Beschreibung und Vorreißung vieler prominenter Dachwerk . . ., Nürnberg 1668, Reprint Hannover 1977

Winter, H., Das Bürgerhaus zwischen Rhein, Main und Neckar, Band III, Das deutsche Bürgerhaus, Begr. Bernt, A., Hrsg. Binding, G., Tübingen 1961

Wolff, C., und Jung, R., Die Bau- und Kunstdenkmäler Frankfurts, Frankfurt 1898

Jung, R., und Hülsen, J., Die Bau- und Kunstdenkmäler Frankfurts, Frankfurt 1914

Zimmermann, H. K., Das Kunstwerk einer Stadt, Frankfurt am Main 1963